よくわかる 水道

眞柄 泰基 「水を語る会」会 長
長岡 裕 「水を語る会」幹事長
編著

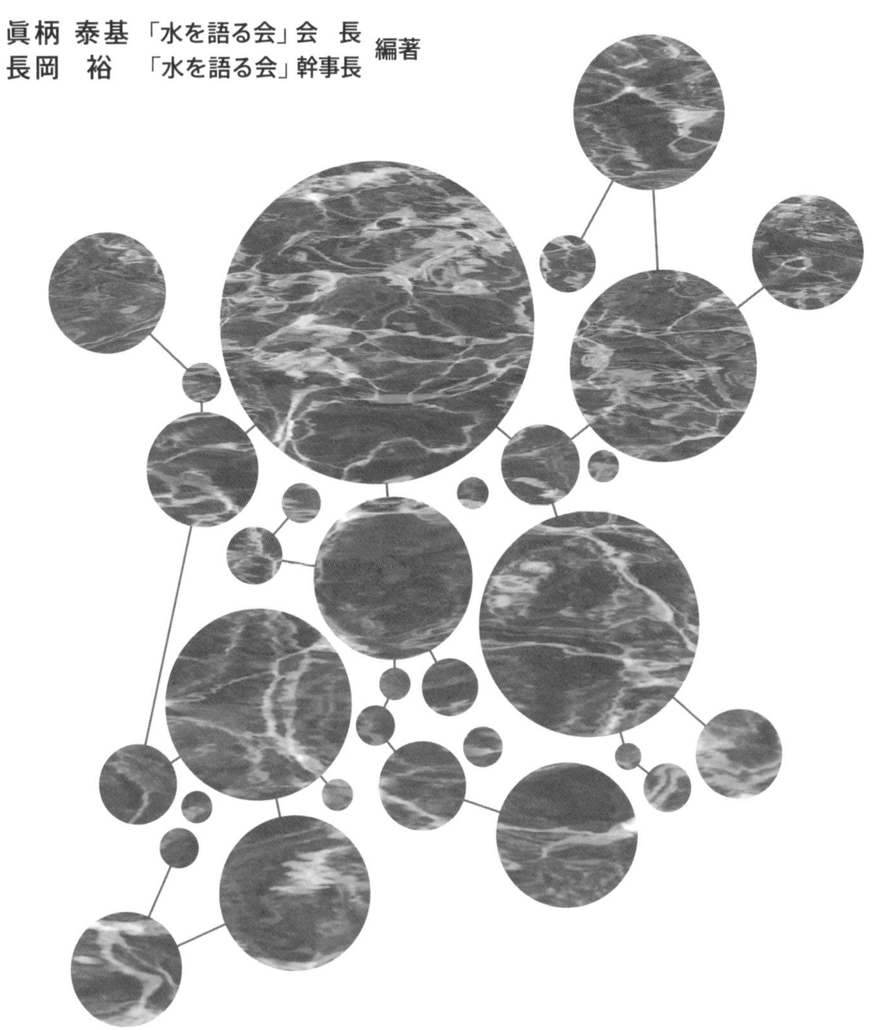

水道産業新聞社

「よくわかる水道」刊行に寄せて

日本の水道は、ほぼ全国に行き渡り、私達の生活に欠かせないものとなりました。しかしながら、老朽施設の更新、地震対策、安全な水道水の確保、少子高齢化対策、水道の統合と広域連携等多くの課題を抱えています。水道を取り巻く環境も、従来とは随分様変わりしています。

このような機会に「よくわかる水道」が刊行されました。本書の特徴は、現在の日本の水道の課題を上げ、将来のあるべき姿を模索しているところにあります。事務、技術の両面にわたり幅広く、ポイントを外さず、的確に、しかもわかりやすく記述されています。

本書は、「水を語る会」の若手の幹事の人々が中心になって執筆されました。それだけに新鮮です。

①「水道事業とは」、②「水道のマネジメント」、③「水をつかうとは」、④「水道水ができるまで」、⑤［水を配る］、⑥「世界の水事情」、⑦「水道のあけぼの」という７つのテーマで構成されています。内容のポイントを挙げてみます。

①「水道事業とは」では、憲法と水道法の関係、水道の役割、水道普及の経緯、水道料金等について記述しています。②「水道のマネジメント」では、今日の水道行政に至るまでの霞ヶ関の動き、審議会の答申、研究会の経緯等、突っ込んだ記述や論評が行われています。③「水をつかうとは」では、水の性質、水循環と水資源開発、水質環境基準、排水基準を解説しています。また健全な水循環等、最近施行された水循環基本法の方向も入れています。④「水道水ができるまで」では、安全で安心をテーマにしています。水道水源の種類、従来の浄水技術に加えて、膜処理等を含めて、新たな高度処理に焦点を合わせています。⑤「水を配る」では、効率的な送配水施設、管路システム、給水装置をテーマにしています。⑥「世界の水事情」では、欧米の水道事情、日本の海外援助（ODA）水道事業への民間参与について述べています。最近の世界の動きがわかります。⑦「水道のあけぼの」では、江戸時代の玉川用水の評価、コレラの発生に端を発した近代水道の横浜を中心に、港町での創設が主題です。

本書は、元厚生省水道環境部長の小林康彦氏執筆の「水道入門、」「新水道入門」の改訂版として刊行されました。「水道入門」は、1970（昭和45）年に世に出て、水道に携わる人達のバイブル的役割を果たし、ベストセラーとなりました。小林氏の読みやすく独特の筆跡が、懐かしく思い出されます。当時は水道普及促進の真っただ中にあり、小林氏は国民皆水道を目指して記述されました。今回は、水道の継続性、維持管理等、水道の今後あるべき姿を目標にしています。

時あたかも時代の変化に合わせて、水道法の抜本的改正がなされようとしています。本書は、これからの水道を考える上で、新たに水道に携わる人々は勿論のこと、現在水道界で活躍されている人々に、ぜひともご一読をお勧めいたします。また、生徒、学生として勉学中の人々はじめ多くの人々に、本書を読んで水道はこんなに面白いのかと、興味を持っていただきたいです。その中から水道界で活躍する人が、沢山現れることを願っています。

2017年3月

前・日本水道工業団体連合会専務理事、元・厚生省水道環境部長
坂本　弘道

はじめに

水道の普及が進み、実質的に国民すべてが安心して、安全な水道水を何時でも、何処でも利用するようになっています。水道法が成立した1957年の総人口は約9,000万人で水道の普及率も40%に達したばかりの頃でした。第二次世界大戦後、連合国軍総司令部（GHQ）の下で、憲法に定める「公衆衛生の向上と増進」に努めるよう水道整備を進めてきましたが、水道の普及は遅々として進まなかったと聞いています。日常使っている井戸水とか沢水があまりにも汚れていて、水は下痢等感染症を広げる原因であると恐れられていました。そんな水を水道で地域に配れば、みんなが病気になってしまうと思われて、水道整備に消極的な風潮があったようです。しかし、1952年に、羽仁進監督作品、岩波映画『生活と水』が厚生省の支援を得て製作され、衛生的な水を供給する水道があってこそ毎日が安心して暮せると、津々浦々で放映されました。そういう意味で、豊富、低廉で清浄な水道水を供給するための約束が、水道法を制定する必然であったのです。

1967年、水道法成立後10年後には総人口は１億人を超えるようになりました。水道普及率も72%に達しました。この10年間で給水人口は3,600万人も増加したのです。赤痢等の水系感染症は無くなりました。都市への人口移動や経済成長もあり1987年には、総人口は1億２千万人に、水道普及率も93%に達し、清冽な水道水に恵まれた豊かな生活を暮らすことができるようになりました。そして、今日の98%の高普及率を達成したのです。今後は少子高齢化社会となり、給水人口も減少していきますが、2057年、今から40年後の人口は、水道法が成立した1957年の人口とほぼ同じと推計されています。その時の水道普及率は約40%でしたが、40年後でも全ての国民が水道を使えるようにするのが、次世代への責任です。

水道法は成立以来、度々改正され、厚生省令で定める水質基準項目等も改正されてきています。水道整備を促進するための広域整備計画、簡易水道許認可業務、水道事業への融資、給水設備・工事の規制緩和、地方分権や第三者委託等について法律改正、1992年に水質基準の抜本的な改正が行われてきました。2004年には安心・安定・持続・環境・国際をキーワードとした水道ビジョンが、2013年には安全・強靭・持続を目標とする新水道ビジョンが策定されました。これらは、それぞれの時代背景のもとで水道法の目的を達成するための方策を、水道界の意見を集約して生み出されてきたものでしょう。その結果として、水道財政、水道施設、水質管理、人材育成等水道事業に係る事柄が相互に関連しあうようになり、法律・財政・経理・土木・水質・環境・機械・電気・管路・計測・制御・検針・顧客・広報等担当する部門の知識や経験ばかりでなく、それらのすべてについて相当の知識を持って連携して、業務を行わなければならないようになっています。水道事業の持続は、まさにチームワークでのみ達成できる段階にまで成熟したのです。

少子高齢化社会になるとしても、給水人口が1億人を割るのは30年以上の先のことです。その段階でも国民は水道以外に水を得る手段はありません。公衆衛生の維持と向上という国民の生存権をまもる役割を担っている水道は、その責務を果たし続けなければなりません。そのような水道を分かっていただくことを願って本書を上梓しました。

本書は「水を語る会」の幹事の方々が分担執筆してくださいました。「水を語る会」は、水道を含め水のことに関心を持たれている方々が年に３～４回集って、有益な講演を伺いながら、議論などをして研鑽をしている会です。2008年から活動を続けています。「水を語る会」の顧問を務めておられた小林康彦氏は2015年８月に亡くなられました。小林康彦さんは厚生労働省の水道環境部長を退官された後も、水道関連の執筆活動を積極的になさっておられました。体調が悪くなられた頃から、小林康彦さんはご自身の代表的な著書『水道入門』の改訂はもう出来ないので、若い方々にお願いしたいというお気持ちを漏らしておられました。そのお気持ちを受けて「水を語る会」の幹事を中心に本書を執筆させていただきました。小林康彦さんの御遺志を引き継ぐことができればと願っております。

これから水道界で活躍する若い方々はもちろん、ベテランの方々、あるいは少しでも水道に関心を持たれる一般の方々にも、本書を手に取っていただければ幸いです。

末尾ですが、本書の出版に際し水道産業新聞社の編集担当生地央氏と西原一裕社長に感謝申し上げます。

2017年３月

眞柄　泰基

目　次

「よくわかる水道」刊行に寄せて　坂本　弘道
はじめに　眞柄　泰基

第１章　水道事業とは …… 1
1　水道 …… 2
2　生活を支える水道 …… 6
3　水道料金 …… 8
参考文献 …… 12

第２章　水道のマネジメント …… 13
1　これまでの水道政策 …… 14
2.1.1　水道の創生期から水道ビジョンまで …… 14
2.1.2　新水道ビジョン …… 19
2　水道サービスの評価 …… 20
2.2.1　水道事業ガイドライン …… 20
2.2.2　業務指標（PI） …… 22
3　水道資産の管理 …… 24
2.3.1　水道資産の現況 …… 24
2.3.2　水道のアセットマネジメント（資産管理） …… 26
4　水道技術の継承 …… 30
5　官民連携 …… 32
6　岐路に立つ水道 …… 36
2.6.1　進まない耐震化と進む施設老朽化 …… 36
2.6.2　人口減少社会とライフラインとしての使命 …… 39
2.6.3　厳しさを増す事業環境と拡大する地域格差 …… 41
2.6.4　ライフラインとしての水道を守るために …… 44
参考文献 …… 46

第３章　水をつかうとは ……………………………………………………………47
1　水の性質 ……………………………………………………………………………48
3. 1. 1　水の物理化学的性質 …………………………………………………48
3. 1. 2　水の物理的性質 ………………………………………………………50
3. 1. 3　水の流れに関する基礎 ………………………………………………50
2　水循環と水資源開発 ……………………………………………………………53
3. 2. 1　健全な水循環とは ……………………………………………………53
3. 2. 2　水循環 …………………………………………………………………54
3. 2. 3　水資源開発と水利権 …………………………………………………58
3. 2. 4　水道水源の現状 ………………………………………………………60
3　水質保全と環境 …………………………………………………………………61
3. 3. 1　水質環境基準 …………………………………………………………61
3. 3. 2　排水基準 ………………………………………………………………62
3. 3. 3　水質環境基準の達成状況 ……………………………………………63
参考文献……………………………………………………………………………64

第４章　水道水ができるまで　－安全で安心な水を届ける－ ………………65
1　水道水源の種類 …………………………………………………………………66
2　浄水技術 …………………………………………………………………………76
4. 2. 1　浄水場の役割 …………………………………………………………76
4. 2. 2　凝集・フロック形成と沈でん ………………………………………79
4. 2. 3　急速ろ過・緩速ろ過 …………………………………………………84
4. 2. 4　消毒 ……………………………………………………………………87
4. 2. 5　高度浄水処理 …………………………………………………………90
4. 2. 6　膜ろ過 …………………………………………………………………92
4. 2. 7　排水処理 ………………………………………………………………94
3　安全で良質な水 …………………………………………………………………95
4. 3. 1　水質基準、水質管理目標設定項目、要検討項目 …………………95

4.3.2　水質検査・水質検査計画 …………………………98
4.3.3　衛生上の措置 …………………………102
4.3.4　水安全計画 …………………………102
参考文献 …………………………105

第５章　水を配る …………………………107
1　送配水施設 …………………………108
5.1.1　送配水施設とは …………………………108
5.1.2　適切な水量・水圧で運用するために …………………………111
5.1.3　池構造（配水池・緊急貯水槽）…………………………117
5.1.4　ポンプと管路付属設備 …………………………120
5.1.5　漏水防止 …………………………124
2　管路システム …………………………131
5.2.1　パイプの種類 …………………………131
5.2.2　総延長 …………………………134
5.2.3　面的拡張整備から維持管理の時代へ …………………………135
5.2.4　管にも寿命 …………………………138
3　給水装置 …………………………141
5.3.1　水道メーター …………………………141
5.3.2　給水装置の管理 …………………………144
5.3.3　貯水槽水道 …………………………152
参考文献 …………………………153

第６章　世界の水事情 …………………………155
1　安全な水と水資源 …………………………156
2　日本の海外援助（ODA）…………………………159
3　欧米諸国の水道 …………………………162
4　欧米の水質基準制度 …………………………165
5　欧米諸国の水道水質障害 …………………………167

6.5.1　フリント市水道の非常事態宣言 …… 167
6.5.2　五大湖の藍藻被害 …… 168
6.5.3　ランカスター地域のクリプト被害 …… 170
6　水道事業への民間参与 …… 171
参考文献 …… 173

第7章　水道のあけぼの …… 175
1　世界に誇る江戸の給水システム …… 176
2　高い技術と施工によって完成した玉川上水 …… 178
3　近代水道は横浜から …… 179
7.3.1　コレラの流行 …… 179
7.3.2　水に苦しんだ開港都市・横浜 …… 181
7.3.3　日本初の近代水道誕生 …… 182
参考文献 …… 184

巻末資料 …… 187
索引 …… 191

第1章

水道事業とは

第１章　水道事業とは

1　水道

わが国は降雨量が多い陸水学的な特長を有していて水に恵まれているため、水田農業が主な農業形態となっている。水を確保することが比較的容易な土地に定住する者が多かったが、江戸時代ごろからは都市の規模が拡大したため、多くの城下町では水道が整備された。

明治期の開国と同時に、ヨーロッパ諸国などの海外諸国との交流とともに、新たな感染症がもたらされ、新興感染症が社会の存亡すら危うくするようになり、かつての水道システムから、近代的な水道システムへと発展した。すなわち、清冽な原水あるいは砂ろ過など処理をした水を、配水中に汚染しないように有圧で都市に給水するようになったのである。

開国に伴い国際的な窓口として開発された横浜で1887年に整備された水道がわが国最初の近代水道である。その後、主要な都市で、基本的には都市単位で、水道が整備されていった。なお、水道が全国に広がったのは戦後である。

第二次世界大戦により破壊された都市とその基盤施設、海外からの引き揚げ者や復員軍人等による人口構造や疾病構造の変化、きわめて低い栄養水準などが重なり、わが国は深刻な新興・再興感染症に見舞われた。このような事態を受け連合国軍総司令部（ＧＨＱ）は1945年に戦地における衛生基準でもある塩素消毒を義務づける命令を発するとともに、水道を含め環境衛生工学従事者に水質管理についての再教育を命令した。

1946年に公布された憲法第25条では「すべて国民は、健康で文化的な最低限度の生活を営む権利を有する。国は、すべての生活部面について、社会福祉、社会保障及び公衆衛生の向上及び増進に努めなければならない」と定めていたが、このことは、その当時の社会的な関心事が感染症対策で、それほどに衛生的な水道水の供給と、し尿の衛生処理などが急務であったことを反映している。

水道法はこの憲法の理念を踏まえて1957年に制定され、その第１条で、「水道の布設及び管理を適正かつ合理的ならしめるとともに、水道を計画的に整備し、及び水道事業を保護育成することによって、清浄にして豊富低廉の水の供給を図り、もって公衆衛生の向上と生活環境の改善とに寄与することを目的とする」としている。これは、憲法25条の生存権条項「国は、すべての生活部面について、社会福祉、社会保障及び公衆衛生の向上及び増進に努めなければならない」を受けたものであって、これにより、それまでは大都市で整備されてきた水道を農山村部まで普及させることになったのである。

水道法第１章総則では、水道法の目的、国及び地方公共団体の責務、水道の定義などが示され、ついで第４条に水道水を供給するための規範としての水質基準の定めがあり、第５条に水質基準を満たす水道水を供給できる施設の基準の定めがある。それらの要件をみたしているかどうか、定期および臨時の水質検査を行い、必要な措置、結果の保存や公表することがその他の条項にて求められている。まさに、水道のサービス水準の最も根源的な規範が水質基準であることを、水道法は示している。

水道事業の規範としてさらに、第２章第１節が事業の認可などの定めとなっており、このうち水道法第６条には水道事業を経営しようとする者は厚生労働大臣の認可を受けなければならないことを定めた上で、第７条以降に具体的な認可の申請事項や基準などが規定されている。第２章は供給規定や給水義務など、水道事業を行う者が安全で公平な給水を実現するために実施すべき事項が規定されているが、特に第18条では、水道利用者は水道事業者に対して水質検査を請求する権利を有していると明確に規定している。この規定は、他の先進工業国の水道関連法との大きな差違である。水道水が飲用に適するかどうかは、水道法第22条で定める衛生上の措置、すなわち、塩素消毒の義務と第23条で定める「人の健康を害するおそれ」についての判断によって給水停止をするものと定められている。水道事業に関わる事業者について、第３節では給水工事事業者、第４節では指定検査機関に関する事項を定めている。

第３章では、水道利用者に水道水を直接給水しない水道用水供給事業、第４章では特定の利用者に給水する専用水道について定めている。第５章では、水道行政権限者の行う事項を定め、第６章では災害時の緊急応援、国庫補助などの助成制度などを定めている。

水道法に定める水道事業は、**図１－１**に示すように、その規模や用途によって、上水道事業が1,388事業体、簡易水道事業が5,890事業体、専用水道事業が8,186事業体及び用水供給事業が94事業体の合計約15,558事業体によって水道水が供給されている（平成26年度）[1]。なお、水道事業者の責任分界点は水道水を利用する者の供給地点までである。すなわち、水道用水供給事業者であれば受水団体への供給地点、水道事業者であれば水道利用者の水道メーター直前の止水弁あるいは受水槽流入点までとなる。

水道事業のうち、比較的規模の大きい地方都市の水道の多くは、かつては県知事が所掌していた。当時の県知事は国家の直轄であり地方行政において極めて強い権限を有していた。1957年の水道法の制定後は、地方自治体が公営原則にのっとり普及整備を進めてきた。一方、給水人口が少ない簡易水道は、国策としての水道普及促進政策によって、国庫補助制度や地方債による低利の資金手当などにより、普及が促進されてきた。このほかに給水人口が100人以下の水道法の適用を受けない小規模な水道も多数存在している。ただし、簡易水道や小規模水道は、水道事業への統合などにより事業者数は減少傾向にある（**図１－２**）。

1．平成26年度版『水道統計』、日本水道協会、2016

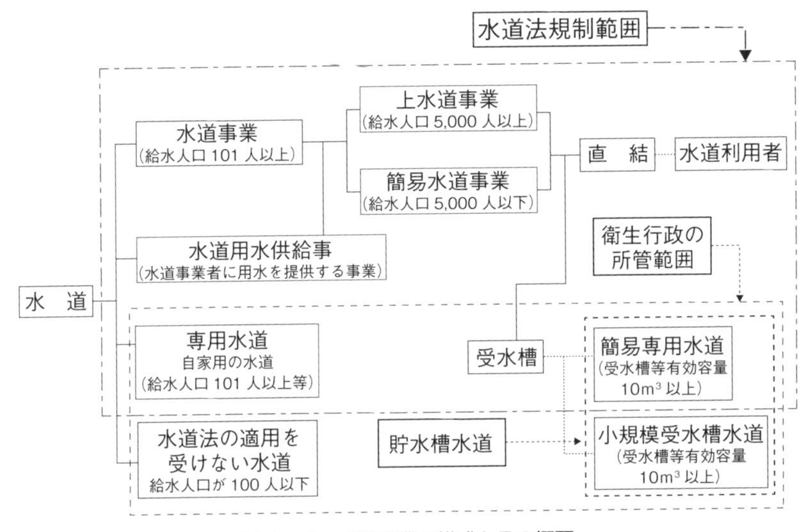

図１－１　水道事業の構成とその概要

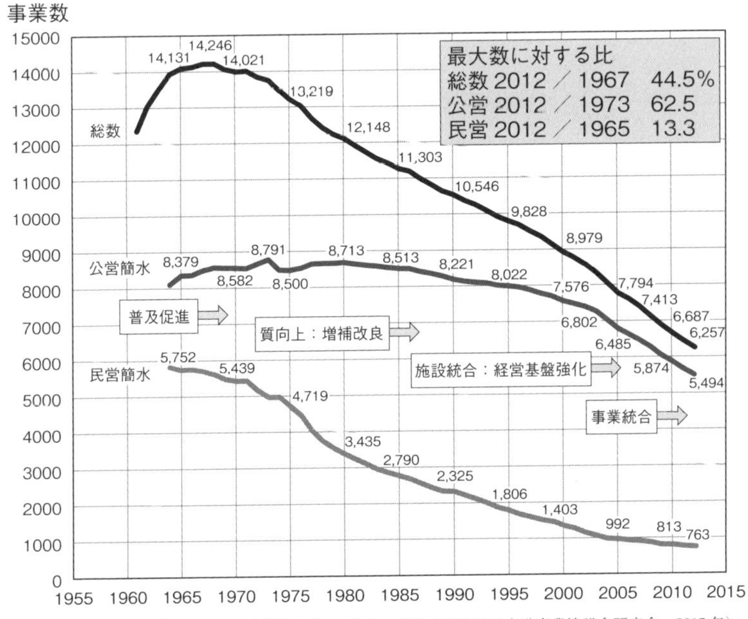

出典：小笠原紘一、「さまよえる小規模水道」（第 114 回岩手紫波地区水道事業協議会研究会、2015 年）

図１－２　簡易水道事業数の推移

水道普及率、し尿の衛生処理率及び下水道整備率の推移を、消化器系疾病の罹患者数の推移とともに**図１－３**に示す。水道普及率及びし尿の衛生処理率は、生活環境の改善に積極的に取り組まれた1960年代から急速に進捗しており、医療技術の進歩、栄養水準の向上、衛生教育の推進などとの相乗効果もあって、1970年代に入って、消化器系感染症を実質的に克服する上で極めて大きな役割を果たした。

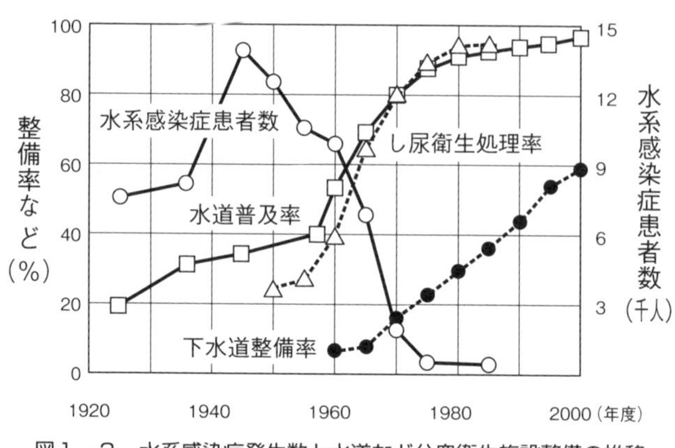

図１－３　水系感染症発生数と水道など公衆衛生施設整備の推移

2　生活を支える水道

水道の普及率は約98％に達しており、実質的にすべての国民が衛生的な水を確保できるようになった。水道以外の代替水源がほぼ無くなった今日にあっては、まさに水道は都市基盤としての重要な役割を担っている。

東京都内一般家庭における水道水の用途別使用量分布を**図１－４**に示す。当初、水道水は飲用や炊事での利用を主な用途・目的としていた。しかし、今日の社会においては、洗濯や風呂、水洗便所などさまざまな用途に使われ、便利で快適な生活を支えている。

家庭用で見て飲用・炊事以外の用途での使用量が多いことからわかるよう

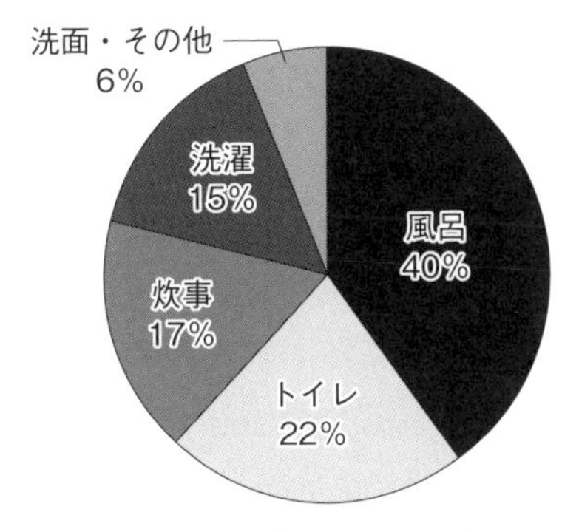

出典：東京都水道局ホームページ

図１－４　一般家庭水使用目的別実態調査（平成24年度）

に、社会・産業活動で見ても、さまざまな用途で水道水が利用されている。水道水の供給量の30％程度が事業所などで使用されている。また、給水人口2,000人以上の水道事業体では消火栓を設置し、消防用水を供給することとされている。なお、消防用水は一時に大量の水を必要とするため、水道管は75mm以上の口径のものが布設されている。このように、水道は社会基盤施設として機能しているのである。

水道水は、いつでも、どこでも、必要な水を確保できるように整備されているため、水道が使用できなかったり、水道水の使用が制限されたりすることはまれである。しかし、阪神淡路大震災や東日本大震災のような巨大災害では水道施設も被災を免れることは難しく、水道水を供給できない、すなわち断水となり、生活用水の確保ができず困窮した生活を余儀なくされる場合がある。このような事態をできるだけ短期間で解消できるように、国や水道事業体は必要な指針を定めている。また、水道事業体相互での支援協定を締結して、緊急給水車の派遣、緊急水拠点の設置や修復工事の支援などを速やかに行えるような体制も整備されている。しかし、具体的な給水作業までに３日程度かかると想定されるため、国は１人１日３リットル程度の水を確保するよう推奨している。

3 水道料金

水道は給水区域の生活や社会経済活動に不可欠な社会基盤施設であることから、わが国では公営の地域独占事業を原則としている。また、水道事業を運営するには費用がかかるが、この費用は水道料金で賄うという独立採算制が原則とされている。水道水を地域に供給することにより、水道利用者はさまざまな便益、すなわち水道水によりサービスを提供されているので、そのサービスの対価として水道料金を支払うということである。水道サービスが無料ではなく、供給に対する対価で経営される制度は、フルコストプライシング、フルコストリカバリーなどと呼ばれ、国際的な水道事業経営の原則である。

近代水道以前の水供給システムは、純粋公共財に近かった。純粋公共財とは、基本的な性質として非排除性（対価を支払わずにサービスを受けることを排除できない性質）と非競合性（供給量が増加しても追加費用が発生しないこと）を備えるサービスのことである。しかし、近代水道の整備や維持には膨大な投資が必要である。そのため、サービスを維持するために要する費用を受益者から回収しないとともに、更新費用を積み立てていない水道事業の持続性は無い。発展途上国などの一部では水道使用料が無料、あるいは極めて低価格で運営されている例が存在するが、設備投資が滞り、普及整備もままならない状況に置かれている。従って、水道使用量を的確に把握するために水道メーターを設置し、水道使用量に応じて料金を徴収する従量料金制を導入し、水道料金で賄う会計制度が世界標準となっているのである。

水道事業は地方自治体による公営を原則としている。地方公共団体の経営する企業の組織、財務及びこれに従事する職員の身分取扱い、その他企業経営の基準並びに企業の経営に関する事務については、地方公営企業法に基づいて行うこととされている。この地方公営企業法第21条では水道事業の健全な経営を確保できるように、公正妥当で、能率的な経営の下における適正な原価を基礎とし水道料金を設定することとしている。すなわち水道水を生産供給するために消費された経済価値額を総括原価と言い、製造原価に販売及び管理などに要する原価を加算したものである。総括原価には事業維持上必要とされる額、すなわち事業報酬として、財務費用など、資金調達に必要な金額を上乗せしている点が重要な特徴である。総括原価の構成、及び、水道料金との関係を**表１－１**に示す。

表１－１　総括原価の構成

<table>
<tr><td rowspan="4">総括原価</td><td colspan="4">事業維持所要額（事業報酬）※2</td><td rowspan="5">期間原価※4
製造原価※3</td></tr>
<tr><td rowspan="3">総原価※1</td><td colspan="3">販売・一般管理原価</td></tr>
<tr><td rowspan="2">製造原価※3</td><td>製造間接費</td><td>間接材料費
間接労務費
間接経費</td></tr>
<tr><td>製造直接費</td><td>直接材料費
直接労務費
直接経費</td></tr>
<tr><td colspan="5">受託事業収入、受託工事費※5</td></tr>
</table>

- ※１：総原価：営業費用。人件費、動力費、薬品費、受水費、修繕費、業務委託費、備品消耗品費、減価償却費、資産減耗費、雑支出で構成される。また地方公営企業法施行規則上の科目区分では、原水及び浄水費、配水及び給水費、業務費、総係費、減価償却費、資産減耗費、雑支出で構成される。
- ※２：事業維持所要額：資本費用。資本費用とは営業費用を超えて料金により回収されるべき額で、財務費用（他人資本、すなわち借入金などに対する利息相当額）と事業維持費用（事業サービスの維持拡充のために自己資本により再投資される最低所要額）とされる。なお、民営の場合は事業維持費用として、租税公課、株主配当、リスクに備えるためのコストなどがさらに計上される場合がある。
- ※３：製造原価：売上製品原価。
- ※４：期間原価：一定期間の発生額を当期の収益に直接対応させて把握する原価。
- ※５：受託事業収入、受託工事費は関連事業として位置づけられるために総括原価からは控除される。

水道事業は公設・公営が原則であるため、水道事業を行う地方自治体の議会に水道事業管理者が水道料金を提案し、議会が決する事項となっている。地方自治体が行う各種事業の公共料金の設定は、地方政治の重要な事項であることから、水道料金について総括原価方式で適正な料金が随時定められる

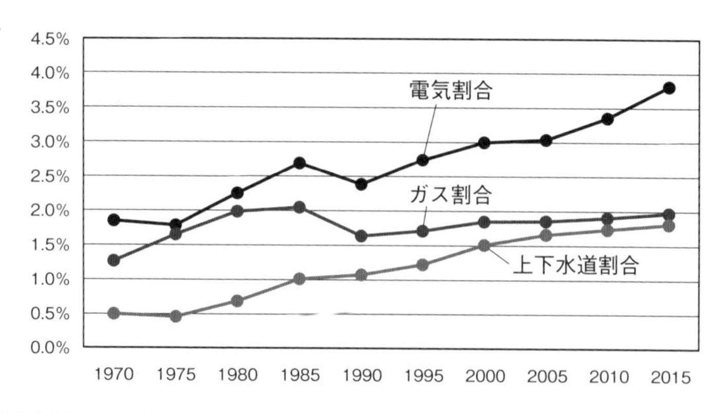

出典：総務省統計局　家計調査
1世帯当たり年平均1か月間の支出 - 二人以上の世帯（昭和38年～平成27年）（全国）

図1－5　一般家庭の可処分所得に占める公共料金の割合

べきであるにもかかわらず、そうなるとは限らない。そのため、水道水を供給するための電力、薬品や人件費など通常経費に見合う料金すら設定され難いこともある。また、水道施設も経年化により老朽化、陳腐化して、水道の目的を達成できないようになるため、施設の更新のための費用を計画的に積立する必要がある。しかし、このような資金に充当できる水道料金を設定できない水道事業体も少なくない。水道料金は低ければ良いというものではなく、また、需要の減少により収入が減少する見込みのなか、社会基盤施設として持続性が求められる水道に必要な投資が先送りされないようにするためにも、適正な水道料金が設定される必要がある。

家庭用水道料金は一般家庭の可処分所得の1％を切る水準であるが、下水道使用料も合わせて徴収されるために、合わせてみると増加傾向にある。直近の一般家庭の可処分所得に占める割合は、**図1－5**に示すように、1970年以降漸増しており、2015年では1.8％となっている。しかし、電気料金、ガス料金に比べて低い水準にある。

水道水を供給するために要する費用の原単位（円/㎥）は、水源、水道施設、規模などによって異なるから、水道事業体毎に水道料金は異なることとなる。家庭用料金で見ると、**表1－2**に示す富士河口湖町では清冽な湧水を原水と

表１－２　家事用10m^3当たり最高・最低料金

（H26.4.1 現在）

順位	最高料金	
1	群馬県長野原町	3,510円
2	北海道羅臼町	3,360円
3	熊本県上天草大矢野地区	3,132円
4	福島県伊達市	3,078円
5	北海道増毛町	3,060円
6	北海道夕張市	3,041円
7	北海道西空知広域水道企業団	3,034円
8	北海道栗山町	2,998円
9	青森県中泊町	2,991円
9	愛媛県上島町	2,991円

順位	最低料金	
1	兵庫県赤穂市	367円
2	静岡県小山町	384円
3	山梨県富士河口湖町	455円
4	静岡県沼津市	460円
5	東京都昭島市	518円
6	山梨県忍野村	540円
7	静岡県長泉町	560円
8	兵庫県高砂市	572円
8	三重県東員町	572円
10	群馬県草津市	583円

（消費税及びメーター使用料金を含む）（基本水量が10m^3を超える事業は10m^3に換算。）

出典：『水道料金表（平成26年4月1日現在）』、日本水道協会

し、塩素消毒のみで、ほぼ自然流下によって給水しているため、少ない費用で水道水を供給できるため水道料金が低い。一方、長野原町や羅臼町など、給水人口が少ない事業体や、人口密度が低くて給水効率が低い上に、水道原水を確保するための水源開発をしなければならない水道事業体では、水道水を供給するための一人当たりの費用が多くなるため水道料金が高くなる。

水道料金は使用水量に応じて徴収する従量制と、使用水量に関係なく徴収する固定制がある。しかし、わが国を始めとして世界の多くの国々では従量制で水道料金を徴収する方式となっている。この従量制は、水道料金を使用水量と関連付けることで公平性を高められること、水道水の節約など無駄な水道水の利用を抑制するなどの長所がある。特に節水効果は冗長な設備投資額を抑制するために重要であり、メーター設置や検針業務などの費用が生じたとしても、なお、水道整備普及を進められる効果の方が大きいと経験的に理解されていることが重要である。

このように従量制を原則としている一方で、水道施設への投資は使用水量が小さくとも回収する必要がある。そこで、水量にかかわらず徴収される固定額と従量課金を組み合わせた体系としている水道事業体が多い。すなわち、１月当たりたとえば10m^3までの使用水量についての基本料金を、10m^3を超える使用水量については1m^3当たりの単位料金を乗じた額を加算して水道料金として徴収するような方法である。また、特定の用途について別途料金を定

める方式、たとえば、公衆浴場用についての一般家庭とは異なるとする料金体系がある。

水道使用量が多くなるほど1㎥当たりの単位料金が大きくなる逓増制をとっている水道事業体が多い。また、水道使用量に加えて、給水管の口径に応じて1㎥当たりの単位料金を大きくしている水道事業体もある。大量の水道水を供給するためには、一般家庭用に比べて、それだけ施設整備費用や給水費用を要することから、このような料金体系を設定しているとされている。このような料金体系は、水道の使用量を抑制させることにより、限られた水源の下で普及を促進する上で極めて有効であった。一方で、水道水を大量に利用していた大口需要者が自家専用水道を設置したため、水道給水量が減少し、水道料金収入が減り水道経営に大きな影響を与えるような事例が生じ、社会的な課題を提起するようになっている。

＊　＊　＊

参考文献

1）小笠原紘一、『さまよえる小規模水道』、岩手紫波地区水道事業協議会研究会、2015
2）『家計調査 長期時系列データ』、総務省統計局、2015
3）平成26年度版『水道統計』、日本水道協会、2016

第2章

水道のマネジメント

第2章　水道のマネジメント

1　これまでの水道政策

2.1.1　水道の創生期から水道ビジョンまで

水道は厚生省（当時）の指導のもと1960年代から施設整備が強力に進められた結果、1990年ごろまでには都市部ではすべての人々が水道を利用できるようになった。また、町村部でも簡易水道の整備が進み、国全体の水道普及率も95%を超えるようになった。

しかし、水道の普及促進は進んだものの、水道水の需要増に応えるためダムなどの水資源開発に依存してきたため渇水の影響を受けやすい状況にあった､富栄養化による藻類の増殖の影響で水道水の異臭味障害も頻発した、WHO飲料水水質ガイドラインにもとづき水質基準の改定が必要とされたなどの課題をかかえていた。このため、1990年厚生省生活環境審議会が、「今後の水道の質的向上のための方策について」を答申した。

これに続いて、1991年に21世紀に向けた水道整備の長期目標「ふれっしゅ水道計画」の策定、1992年に水道水質基準のあり方についての答申、1993年に水道原水水質保全事業の実施の促進等に関する制度についての答申がなされている。

ふれっしゅ水道計画の目的は、「何時でも何処でも安全でおいしい水を供給できるようにする」ことであり、すべての国民が利用可能なように、農山漁村での水道の整備が促進された。また、水道水源の確保により渇水や震災に強い水道施設の整備が進められるとともに、安全・安心でおいしい水道水を利用できるよう水道水質基準制度の充実が図られた。

これらの動きを受けて1994年には水道原水水質保全事業の実施の促進に関する法律が制定され、富栄養化防止やトリハロメタン対策として下水道の整備、合併浄化槽の整備・促進のための制度が確立した。また、1996年には水道にかかる規制緩和として、給水装置の品質性能基準、水道工事店制度の見直しと給水装置工事主任技術者制度からなる水道法の改正が行われている。

1999年には、厚生労働省生活環境審議会により「21世紀における水道及び水道行政のあり方」について答申がなされた。これを受けて2000年に水道法の一部改正についての答申がなされ、2001年に水道法が改正された。

1999年の答申では、水道を取り巻く環境は、水道整備を促進していた時代とは変わり、少子高齢化社会による都市構造の変化、都市を支える社会資本としての水道の役割と責任の重さが増したという認識に立たなければならないとし、今後の水道行政の基本的視点として、成熟した市民社会・需要者の視点に立って、自己責任体制での水道事業の実現と、健全な水循環系への対応を挙げている。

また、水道法が定められた当時に比べて、社会構造は大きく変化しており、水道利用者の意識も変化していることを踏まえ、すべての水道事業体で達成しなければならないサービス水準ともいえるナショナルミニマムと、それぞれの地域の水道利用者が求めるサービス水準ともいえるシビルミニマムとを区分して考え、水道利用者の水道サービスの対価としての水道料金の支払い意志を維持できるようにすべきであるとした。

さらに、国は、ナショナルミニマムの規範となる水質基準、施設基準などを的確に定めるとともに、広域的な水資源の質・量の健全性確保や災害対策についての施策を推進し、そのための技術的、財政的な支援を行うべきであり、都道府県は広域水道整備計画の策定などを通じて水道の広域化の主体となるとともに、水道事業者への規制、監督を国と協同して行うべきとされ、市町村を主とする水道事業体は、水道利用者との対話を通じてシビルミニマムを設定して水道サービスを提供するとともに、持続的にシビルミニマムな水道サービスを提供するための施設整備・更新が行えるような財政的・技術的な基盤の確立を図ることとされた。

また、民間事業者は、創意・工夫に富んだ水道技術やシステムの開発を進めて水道事業者と協働するとともに、水道事業の受託者・事業権者としての役割を果たすことが期待された。

そして、水道の受益者である水道利用者は、水道サービスの対価としての水道料金を支払うことにより、受益主負担の原則に基づきそのサービスの持続性への役割を果たすべきとされた。

水質面では、安全・安心な水道水をシビルミニマムとして、水道法に定める水質基準を遵守することとされ、水質基準に定められている化学物質などばかりでなく、クリプトスポリジウムや有害化学物質などによる水質汚染事故に対応できる水質管理体制を整備することとされた。また、水道利用者の信頼を得るため、水道事業者が高度浄水処理設備を整備して、水質汚染事故への未然防止の方策を講じるとともに、安全･安心な水道水を確保するため、水道水源の保全と、水源域の関係者の協働による健全な水循環系の確立に努めるべきとされた。

水道水の安定供給面では、水資源確保が重要であるが、水資源は有限であるとともに、水道水源開発資金の調達はますます困難になることから、節水行動の定着や有効率の高い水道施設整備に努めるべきであるとされた。また、渇水や災害時での安定供給を確保するための水道施設の耐震化、経年施設の計画的な更新に努めるべきである。また､水道事業体相互の連携した水運用、広域水道圏や流域をこえた水資源運用などは安定給水に有効な方策であり、関係者との連携によりその実現を図るべきであるとされた。

さらに、水道事業は受益者負担で運用される事業であることから、水道水

昭和48年（1973）（審）
水道の未来像とそのアプローチ方策に関する答申
・ナショナルミニマムとしての水道理念の確立
・水道広域圏の設定
・水道料金のあり方
・水道法改正

昭和59年（1984）（審）
高普及時代を迎えた水道行政の今後の方策について
・ライフラインの確保
　－水源開発と効率的利用
　－渇水時災害時の給水確保
　－老朽管路の計画的更新
・安全でおいしい水の供給
　－水質基準の充実
　－水質保全と浄水管理
　－簡易専用水道の管理徹底
・料金格差の是正
　－事業の適切な運営
　－家庭用料金の格差是正
・途上国への技術協力
・調査研究の推進

平成2年（1990）（審）
今後の水道の質的向上のための方策について
・すべての国民が利用可能な水道
・安定性の高い水道
　－災害に強い水道の構築
　－施設の更新と機能向上
・安全な水道
　－浄水処理技術の高度化
　－直結給水システムの導入
・その他
　－利用者への情報提供等
　－人材確保
　－調査研究体制の充実
　－井戸水等の衛生確保
　－国際交流の充実

平成３年（1991）（省）
21世紀に向けた水道整備の長期目標（ふれっしゅ水道計画）

平成４年（1992）（審）
今後の水道の質的向上のための方策について（第2次答申）
－水道水質基準のあり方－

平成５年（1993）（審）
今後の水道の質的向上のための方策について－水道原水水質保全事業の実施の促進等に関する制度について－

平成11年（1999）（検）
21世紀における水道及び水道行政のあり方
・基本的視点
　－需要者の視点
　－自己責任原則
　－健全な水環境への対応
・今後の水道のあり方
　－ナショナルミニマムからシビルミニマムへ
　－関係者の役割分担
　－水質管理対策
　－安定供給対策
　－料金問題
・施策の方向
　－水道経営と財政支援
　－水道事業規制のあり方
　－需要者とのパートナーシップ

平成12年（2000）（部）
水道に関して当面講ずるべき施策について（中間とりまとめ）

平成12年（2000）（審）
水道法の一部改正について

平成15年（2003）（審※）
水質基準の見直し等について

凡例
（審）：生活環境審議会答申
　　　※は構成科学審議会答申
（部）：生活環境審議会水道部会
（検）：水道基本問題検討会
（省）：厚生省
■：総合的政策提言
□：分野別政策提言

出典：『第２回水道ビジョン検討会　資料３水道基本問題検討会等との関連について』、厚生労働省

図２－１　水道に関する政策提言の経緯

を供給するための費用は、水道料金で支弁するとの原則に立って適正な料金を設定すべきである。しかし、大口需要者に適用されている逓増型の料金制度は大口利用者の節水行動を促し、結果的に料金収入の減少につながっていること、一般家庭用料金については水道利用者の節水行動につながらない料金制度になっていることから、水道事業の持続性を損なわない料金体制への移行も検討すべきであるとされた。

このような答申を踏まえた2001年の水道法一部改正における大きな改正点は、水道事業は施設が一体であるという制度から、経営が一体であれば一水道事業とする制度への変更である。また、水道事業の許認可の一部が都道府県の事務になり、さらに、水道事業の包括委託制度などが運用されるようになった。

図２－１に示すように、水道に関する政策提言を踏まえて水道法が改正され、水道関係者の役割などについての認識が深まったものの、水道事業の持続性を確固たるものにするための進捗は十分とは言いがたいものであった。そこで、2004年に、厚生労働省は「水道ビジョン」を策定し、水道にかかる課題を明確にするとともに、長期的な政策目標として安心・安定・持続・環境・国際をキーワードとしてかかげ、そのための政策手法を示した。そして、水道事業体ごとに将来への政策目標とも言うべき「地域水道ビジョン」の策定を推奨した。

さらに、2011年に東日本大震災が発生し、水道施設も被災や断水期間の長期化など被災地域住民の生活に大きな影響を与えた。また、人口減少社会の到来が現実のものとなり、水需要の減少とそれに伴う収益の減少や施設老朽化の進行など、水道事業を取り巻く経営環境は厳しさを増していた。

このように水道を取り巻く環境の大きな変化に対応するため、これまでの「水道ビジョン」（2004年策定、2008年改訂）を全面的に見直し、50年後、100年後の将来を見据え、水道の理想像を明示するとともに、取り組みの目指すべき方向性やその実現方策、関係者の役割分担を提示した「新水道ビジョン」が策定された。

２．１．２　新水道ビジョン

新水道ビジョンでは、**図２－２**に示すように、15の重点的な実現方策を示し、それらを関係者の内部方策、関係者の連携方策、新たな発想で取り組むべき方策の３区分に分けて「『挑戦』と『連携』をもって取り組むべき」としている。

重点的な実現方策

水道関係者によって「挑戦」「連携」をもって取り組むべき方策
(３つの種別に分類し、15項目に区分)

１　関係者の内部方策
（１）水道施設のレベルアップ（強／(持))※
（２）資産管理の活用（持）
（３）人材育成・組織力強化（強／(持))
（４）危機管理対策（強／安）
（５）環境対策（持）

３　新たな発想で取り組むべき方策
（１）料金制度最適化（持）
（２）小規模水道（簡易水道事業・飲料水供給施設）対策（安／（持））
（３）小規模自家用水道等対策（安／(持))
（４）多様な手法による水供給（持／(強))

２　関係者間の連携方策
（１）住民との連携（コミュニケーション）の促進（持／安／強）
（２）発展的広域化（持／強）
（３）官民連携の推進（持）
（４）技術開発、調査・研究の拡充（安／持）
（５）国際展開（持）
（６）水源環境の保全（持）

※目指すべき方向性のうち、どれに最も合致するかを示す。(　) 書きは、やや合致するものを示す。
「安」は安全、「強」は強靭、「持」は持続をそれぞれ示す。

出典：新水道ビジョン

図２－２　新水道ビジョンで示された重点的な実現方策

新水道ビジョンにおける重点的な実現方策は、従来の水道ビジョンでも示されていた方策も含んでいるが、その中でも特徴的な方策として広域化がある。広域化に関する方策は、関係者間の連携方策の「発展的広域化」として示されている。

広域化はこれまでも「新たな広域化」などとして、広域化の定義を事業統合に限定せず、管理の集約化など幅広い概念の広域化を推進する政策がとられてきたが、水道事業が市町村営を原則としていることもあり、市町村の区域を越えた広域化の推進は進んでいないのが現状である。しかし、特に中小の水道事業において運営基盤強化に取り組む必要性が高まることから、広域化による事業規模や効率性の確保が求められる。

このようなことから、新水道ビジョンでは、取り組みの手順として、まず広域化検討のスタートラインに立ち（第一段階）、次の段階として他の行政部門と連携して取り組みを推進し（第二段階）、事業の持続性が確保できるよう発展的な広域化による連携を推進する（第三段階）という３段階を示している。ここでいう第三段階の発展的広域化とは、広域化の枠組みや、これまで実施してきた広域化の例に捉われず、たとえば流域単位での連携や施設の共同整備、さらには人材育成など、連携により効率化が図られるすべての取り組みを示す。

新水道ビジョンの公表後に示された各水道事業に対する通知別添「水道事業ビジョン作成の手引き」では、実現方策の中でも特に推進すべき方策として「持続」「安全」「強靭」のそれぞれについて、施設の再構築などを考慮したアセットマネジメントの実施（持続）、水安全計画（安全）、耐震化計画の策定（強靭）を求めている。

2 水道サービスの評価

2.2.1 水道事業ガイドライン

水道事業は地方公共団体が公営事業として行っている場合が多い。公営事業として水道事業を行っている場合でも、どの程度まで直営で行い、どの程度まで民間に託するか種々の形態がある。すべてを公営企業が直営で行うということは多くなく、民間への委託が行われている。

世界的には、民間企業が水道事業をビジネスとして展開する傾向が強くなっている。水道事業を完全な民間企業として経営する形態、公共事業体が施設を所有したままで、経営権を民間に譲渡する、あるいは委託するなど、さまざまな手法が採られている。今後、民間の水道会社が活動領域を広めていくことが予測される。公営事業としての投資資金不足、技術的問題の解決力、事業運営の効率化など民間のノウハウを活用する方が経済的であるからである。もちろん、水道のような公共性の強いインフラを民間に任せては公共性が失われるとの批判もある。

水道事業が世界規模で展開されるようになると、各地域、各国でそれぞれの考え方、それぞれの規格で水道事業を展開しているのでは不都合が生じてくる。特に世界規模で経済活動が展開されている今日、水道事業についても統一された規格が求められている。世界規模の水道会社にすればビジネスチャンスの到来であり、世界貿易を円滑に発展させようとする世界貿易機関（WTO）などの考えと一致するものである。

世界を市場として企業活動を展開していくには、統一された基準が必要となる。それは、水道事業の活性化と経済活動の交流を容易にするからである。このような規格化の趨勢は水道事業のみならず、工業製品に始まり、農業生産物、サービス活動などにも及んでおり、ますます拡大している。水道事業も非効率な経営や消費者ニーズに合わない場合は必然的に改善を迫られる。現況を悲観的に捉えるのではなく、むしろこの状況変化を次の時代へのステップとして発展への手段と捉え、対応していくことが求められているともいえる。

水道事業の現状を改善するため、日本水道協会は水道事業の新たな規格として「JWWAQ100水道事業ガイドライン」を制定している。これは、水道のサービス水準の向上を目標にして、客観性と透明性をもって水道事業運営を遂行でき、世界に通用するなんらかの基準（スタンダード）が必要であると判断されたからである[1]。

1.『水道事業ガイドライン』、日本水道協会、2005

水道事業ガイドラインは2005年に日本水道協会規格（JWWAQ100）として制定され、国際規格であるISO24500シリーズ（水道サービスの評価に関するガイドライン）に準拠している。

この規格は2012年にJISQ24510として制定された、「水道利用者に対するサービスのあり方を評価·改善するためのガイドライン」であり、水道事業者にとっては、「サービスを十全に果たすために水事業者は何を行うか」を示したものといえる。パイプにより給排水する上下水道システムに限らず、それ以外の水事業も適用対象として意識されていることから、上水は飲料水と表現している。この規格が世界の水道サービスの規範として定着しているとはいい難い。しかし、厚生労働省は、水道事業体の財政、経営、資産、施設の現状評価のための指標として、水道事業ガイドラインによる業務指標を用いて、水道ビジョンや新水道ビジョンを展開している。

2.2.2　業務指標（PI）

水道事業ガイドラインは、業務指標137項目を説明したものである。また、これらは厚生労働省が2004年に発表した水道ビジョンの長期的政策目標である安心、安定、持続、環境、国際の５項目と現状を明らかにする管理の計６項目で構成されている。各項目の内訳は**表２－１**に示す。

ISO24500規格は、日本の上下水道事業が公営を基本としていることから関係のないこと、あるいは法律、規則で決められていて規格として適当でないものも多い。しかしながら、世界の多様な考え方、文化の中で水道事業運営について統一的に見ようとしているものである。統一を図ろうとするとき、事業を定量化するためのツールが必要となってくる。業務指標は水道事業という抽象的な活動を定量化する基準、物差しとして使おうとするものである。

業務指標の数値について、どの程度の数値が望ましいという評価、判断はしないこととなっている。また、評価、判断は業務指標が有機的に相互に関係を持っており、個々の業務指標で評価するものではない。たとえば、水道事業が置かれている背景となる情報（その土地の気象条件、地勢地形、人口

表２－１　業務指標の内訳（表下段の数字は指標数を示す）

安心		安定			持続			環境		国際		管理	
水資源の保全	水源から給水栓までの水質	連続した水道水の供給	将来への備え	リスク管理	地域特性にあった運営基盤	水道文化・技術の継承と発展	消費者ニーズを踏まえた給水サービス	地球温暖化防止、環境保全などの推進	健全な水循環	技術の移転	国際機関、諸国との交流	適正な実行、業務運営	適正な維持管理
5	17	8	7	18	27	12	10	6	1	1	1	9	15
22		33			49			7		2		24	

出典：『水道事業ガイドライン』、日本水道協会、2005
※水道事業ガイドラインは 2016 年３月２日に改正されている（JWWA Q 100：2016）

など）によって評価が変わる。当該地域の水道使用者がどのような水道を望むか、政治的な施策はどう生かすか、地域の水道として何を特徴とすべきかが考慮されなければならない。

2014年に行った日本水道協会のアンケート結果によれば、給水人口10万人以上の都市ではおおむね９割近くの事業体で業務指標を算定しているが、10万人以下のところでは16％しか算定されていない。理由として、算定に時間がかかる、項目が多すぎる、人手がいない、内容がわかりにくいなどがあげられている。また、基本的に算定していない事業体のうちガイドラインを知らないと回答した事業体が44％に上っている。

このように、業務指標は水道事業を定量的に評価するための便利なツールではあるが、中小事業体での活用が少ない実態が判明した。そこで、2016年３月に中小水道事業体にも使いやすく、また水道事業として普遍的な目標に合わせて業務指標の構成が変更された。したがって、今後、実際に業務指標を計算し事業の定量化を図る場合には、2016年４月に発行された改定水道事業ガイドライン2016を参照されたい。

3 水道資産の管理

2.3.1 水道資産の現況

国民皆水道を目指して、水道普及率が約50％程度であった1960年代から多くの水道施設が建設されてきた。その結果、**図2－3**に示すように、水道の資産総額は2008年には約46.7兆円に達し、水道は巨大な社会資本となっている。しかも、わが国の水道の特徴として水道専用のダム等の水源施設は多くなく、治水、農業用水、工業用水等と共同して整備してきたため、水源施設の多くは資産額には計上されていない。実際の水道の資産総額にくらべてこの資産総額は小さな値となっている。また、資産総額の約70％が地下埋設物である管路であり、いわゆる「見えない資産」の占める割合が高い。

水道事業は、貯水・導水施設、浄水施設、送・配水施設などからなる装置

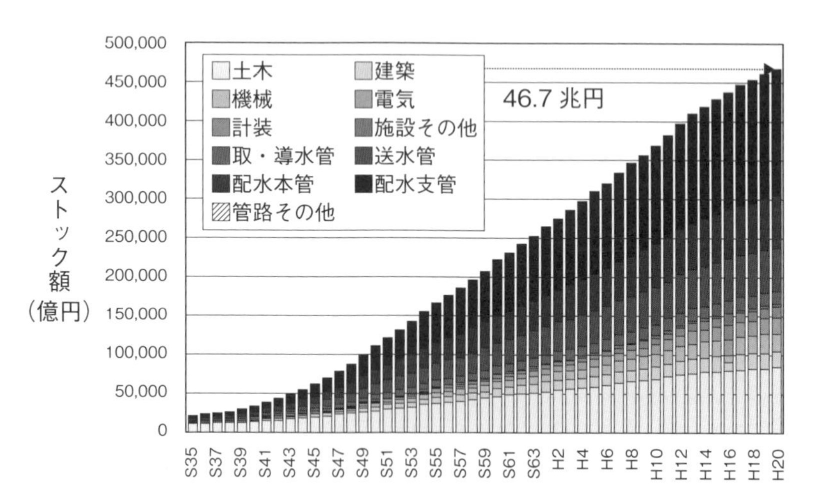

出典：『第１回新水道ビジョン策定検討会資料』、厚生労働省、2012

図2－3　水道事業の資産ストック額の推移

産業ともいえる。これらの施設は浄水場・配水池などの土木構造物、ポンプなどの電気・機械設備、管路など、多種多様な装置群で構成されている。そして、求められる機能を果たすことが期待できる期間、すなわち耐用年数も多様である。水道施設を構成する一つの機能が発揮できなくなれば、水道サービスが低下し、場合によっては水道水が供給できなくなる。水道水が供給できなくなる断水は、災害時ばかりでなく、管路破裂のような事故でも発生し、断水による社会活動への影響は著しい。そのため、水道施設を構成するあらゆる施設では、経年化・老朽化によって機能が損なわれないように、計画的に保守・点検、補修、交換・更新を行っておかなければならない。

高度経済成長期には、社会経済や産業構造の変化により、地方から都市への人口移動が起き、その定住地として中核都市周辺に新興都市が開発された。この開発に伴う水需要や、第二次・第三次産業の発展に必要な水を確保するため、高度経済成長期には水道整備が促進された。また、国民の水道普

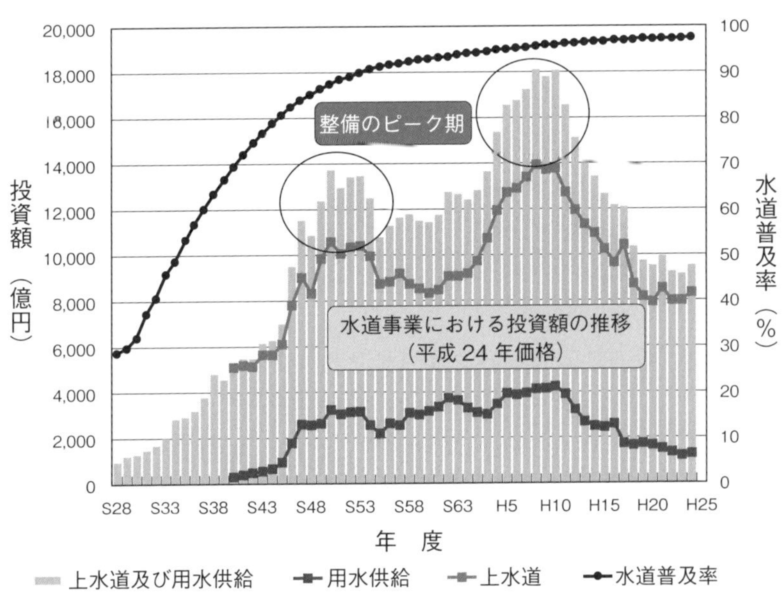

出典：『水道事業基盤強化方策検討会第６回参考資料』、厚生労働省、2015

図２−４　水道普及率と投資額

及への要望ばかりでなく、経済活性化政策による社会資本整備促進策の結果もあり、水道事業の整備には**図２－４**に示すように、1970年代（昭和45年前後）と2000年代（平成10年前後）の二つのピークがある。

各種水道施設のうち、資産の多くを占める管路の法定耐用年数は約40年とされており、2015年現在、高度経済成長期に布設された管路は更新時期を迎えようとしている。また2040年頃には、2000年代に投資した管路が更新時期を迎え、同時期には、高度経済成長期に整備された土木施設（法定耐用年数約60年）も更新時期を迎えることになる。さらに、阪神淡路大震災や東日本大震災で水道施設も甚大な被害を受けたことから、その耐震性を高めるために耐震補強や耐震化施設への更新も行わなければならない。すなわち、今後、水道施設は長期に及ぶ大量更新時期を迎えるのである。

これまで、水需要が増加し続けていた時代の水道施設整備では、計画年次の水道水の需要量を人口推計や地域開発計画にもとづいて求め、その水需要を満たすことができる施設整備を行うことが重要であった。水需要の増加は、水道料金収入の増加につながり、さらに水需要が増加する場合は拡張事業を計画し、具体的な拡張工事を行うことができた。

しかし、人口減少・少子高齢化社会になり、水需要が減少し、高い経済成長が期待できない社会での水道施設の更新は、水道料金収入の増収につながらない。そのため、施設の機能を保持しつつ、最小の費用で更新事業を行うことがより強く求められるようになった。

２．３．２　水道のアセットマネジメント（資産管理）

厚生労働省では、全国の水道事業を俯瞰した長期的な見通しを立てており、増大する更新需要への対応を進めている。

厚生労働省は、2009年に「水道事業におけるアセットマネジメント（資産管理）に関する手引き」（以下『手引き』）を策定し、全国の水道事業体に対して、アセットマネジメント手法を導入しつつ、中・長期的な視点に立った技術的基盤にもとづく計画的・効率的な水道施設の改築・更新や維持管理・

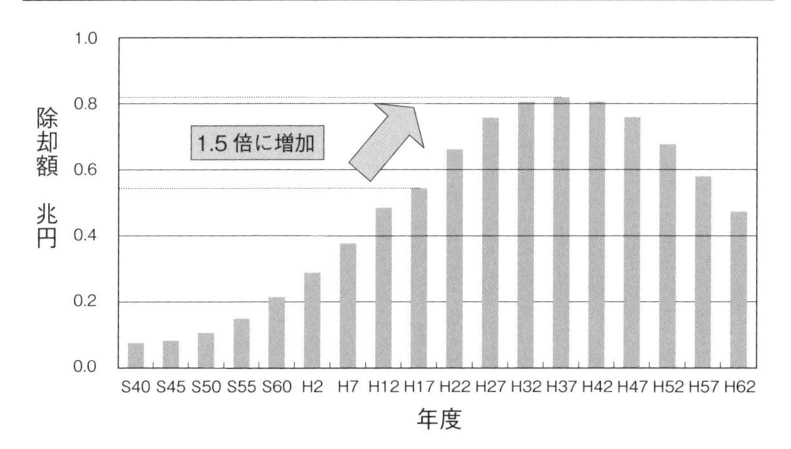

除去額：過去に投資した金額を、施設が法定耐用年数に達した時点で控除（除却）した額であり、ここでは耐用年数に達した施設を同等の機能で再構築する場合の更新費用の推計額として用いている。なお、実際の施設更新の場合は、施設の機能が向上（耐震性強化等）することにより更新費用は除却額を上回る傾向がある。

投資額と更新需要の推移
投資額が対前年度比マイナス 1％で推移したケース

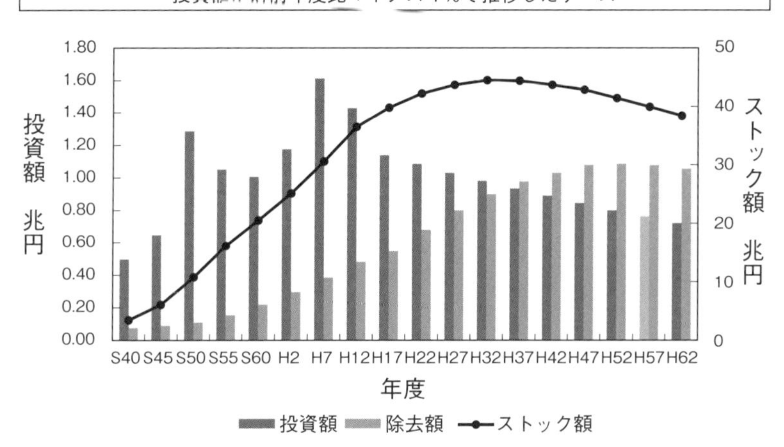

出典：『水道ビジョンフォローアップ検討会参考資料』、厚生労働省、2007

図２－５　今後の水道施設の改築・更新需要の見通し

運営、更新積立金などの資金確保方策を定めるとともに、改築・更新のために必要な負担について水道利用者の理解を得るための情報提供の在り方などについて具体的に検討することを求めている。

アセットマネジメント実施の効果としては、更新需要の見える化が挙げられる。これまで水道は拡張整備を続けており、必ずしも施設の老朽化の問題に向き合ってこなかった。**図２－５**の上図に示すように、現有施設の除却額は平成17年度を基準とした場合、平成32年度には1.5倍に、また、**図２－５**の下図に示すように平成32～37年度の間には更新需要が投資額を上回ると、それぞれ推計されている。水道事業を構成する資産は耐用年数60年の土木施設から、10年程度の計装設備まで種類も、特性も多様な施設で構成されており、特定の施設については状況を説明できても全体の状況を説明することが難しく、施設の老朽化状況を表現するツールを持ってこなかったのである。

アセットマネジメントを行うことにより、一定の条件で保有する全水道施設の老朽度が把握でき、**図２－６**に示すようにグラフ化して表示できる。また、現状だけでなく中・長期的な将来（30～40年後程度）の見通しを示すことができるようになる。

手引きによる更新事業を実施しない場合の構造物及び設備の健全度の推移例を**図２－６**の上の図に示す。図中の健全資産（■）は法定耐用年数より新しい資産の金額を示し､経年化資産（■）は法定耐用年数よりも古い資産、老朽化資産（■）は法定耐用年数の1.5倍よりも古い資産を示している。更新を実施しない場合では、40年後の2050年には法定耐用年数を超えている資産（■+■）が全体の約70％を占めることとなる。一方で下図は、更新基準に基づき更新を行う場合の健全度の推移を示している。更新基準にもとづき、2050年までに合計125億円の投資を行う計画では、経年化資産、老朽化資産は５～10％で推移し、資産の健全度が将来にわたって維持される見通しが示されている。

このように、アセットマネジメントの活用によって、水道施設を適正な状態に保つための情報提供が行えるようになり、この活動を通じて、現在の水道施設の状態や、今後の更新投資の必要性と効果を水道利用者に伝えて理解

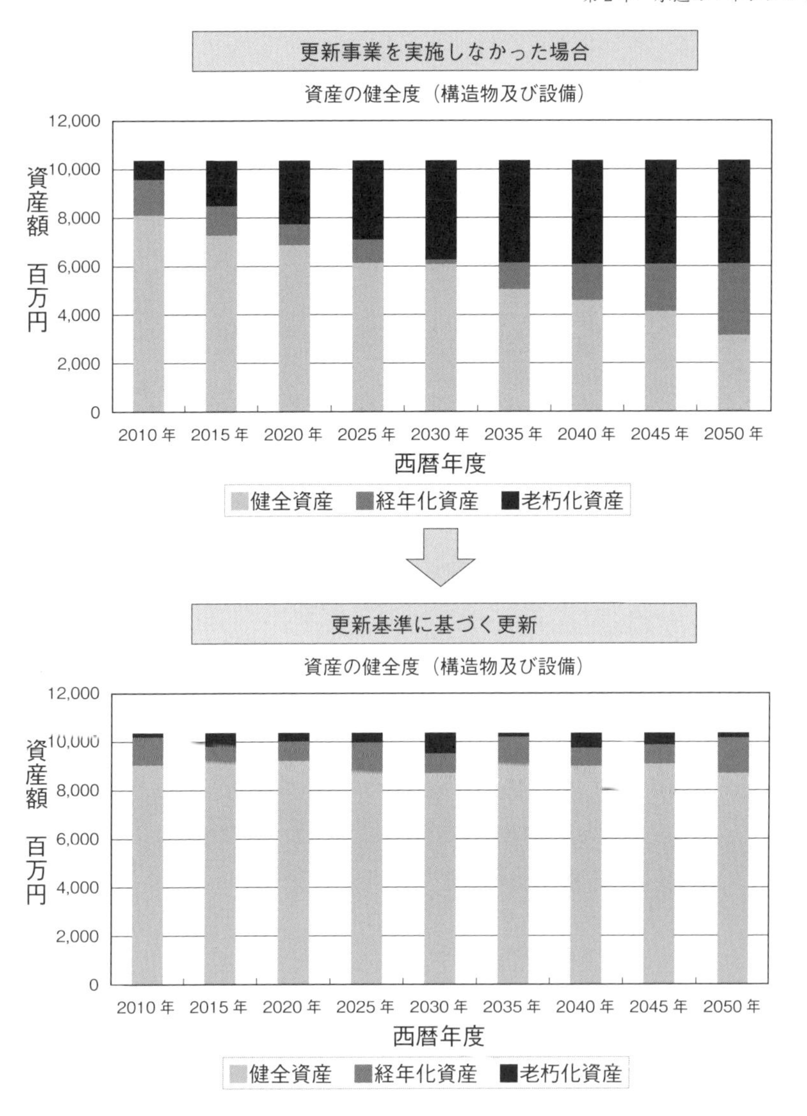

注）この図では法定耐用年数は、資産の老朽度を把握するための目安として使用されており、実際は法定耐用年数を超えて使用可能な場合が多い。

出典：『水道事業におけるアセットマネジメント（資産管理）に関する手引き』、2011

図２－６　アセットマネジメントの実施による資産健全度見える化イメージ

を得ていくことが重要視されている。しかし、水道が新しく建設される面的拡張整備の時代と比べると、維持管理の時代の更新投資はその効果を水道利用者が理解しづらい面がある。このため、水道施設を更新せずに放置した場合の機能の劣化や、破損による危険性を水道利用者に分かりやすく伝えていく取り組みがますます重要になる。

さらに、こうした情報提供の基礎データの整備も、ハードである水道施設の維持管理や更新と合わせて重要である。水道施設の情報整備には、多大な労力を要することから、診断や評価などのミクロマネジメントと台帳の整備などにGIS（地図情報技術）やITも活用して効率よく進める動きが広がっている。

4　水道技術の継承

人材面では、水道事業体の職員定数は、地方自治体の財政難を背景に減少し続けている。このような中で、今後も経験のあるベテラン職員の退職が続く見通しであり、このままでは、将来的には水道事業を支える能力を持つ人材の確保が困難となる。また、右肩下がりの給水量に対し施設能力を最適化することや、更新需要の増大への対応、地震や気象変動による自然災害への対応など、今後はさらに技術やマネジメント面で難しい対応が必要とされる。このため、このような困難な状況にも対応できる人材育成が必要となっている。

少子高齢化社会になり、労働人口が減少して行く中で、水道分野で水道サービスの持続性を図るための人材を確保することは容易なことではない。水道分野の人材確保の観点から見ても、少子高齢化社会における水道サービスの持続性は、厚生労働省の新水道ビジョンでも示されているように厳しい。水道事業体、民間企業体の双方において経験豊かな技術者や実務者が定年制度により退職し、その後継者の確保が的確に行われないため、技術力の低下が顕著になりつつある。

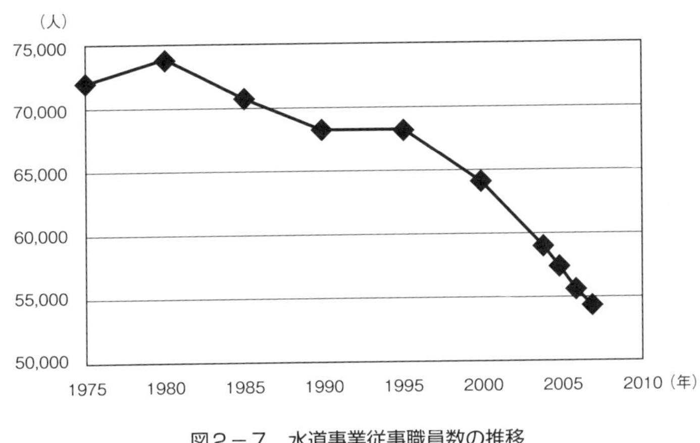

図２－７　水道事業従事職員数の推移

水道事業体の職員数は、1997年以降減少し続けており、給水人口５千人以下の小規模水道では僅か３人程度の職員しか存在していない。水道事業体として組織的な運営を行うためには職員数25名程度が必要であり、このような規模の事業体はおおよそ給水人口５万人以上となる。よって、給水人口がそれ以下の水道の運営は危機的な状況にあると思われる。水道事業体の全職員数は、1980年の約75,000人をピークとして、減少傾向はとどまらず、2010年では約52,000人程度まで減少し、民間企業でも2005年では約250,000人（産業連関表雇用誘発係数等による推計）まで低下している。職員の減少に対応するため業務の外部委託を実施している事業体は中小規模水道事業でも増加し続けている（**図２－７**）。

日本水道協会が実施している水道技術管理者研修や配水管工技能講習会の受講者数も頭打ちであり、人材確保の観点からも現況では水道サービスの持続性は期待することは難しいと言わざるをえない。

人材確保の問題の解決の一つの方法として、水道事業体の統合などによる規模の拡大が効果的である。水道事業の統合による小規模事業の統合や、より積極的に業務委託先との組織連係、Construction Management方式や設計施工管理発注方式の積極的な活用を展開すべきである。

水道の仕事は、働きがいがある仕事であると社会的に認識されることも人材を確保するためには重要である。このために、人材開発の在り方を改善すべきである。水道法に定める資格制度や日本水道協会など関連団体の資格制度を見直し、水道事業従事者のレベルに応じた研修プログラムを国や事業体、日本水道協会などが協力して策定する。その上で、水道法に定める資格を強化しつつ、水道分野の技能研修制度を創設する。官・民で区別をすることなく、水道施設管理技士などの資格者の配置を義務付け、それらの資格を職員の待遇・処遇向上のインセンティブとする。これらの方法を持続的に経営に関与できる経営者のもとで戦略的に推進し、初めて水道事業を支える人材の問題に根本から切り込むことができる。

水道事業の事業環境が厳しさを増すなかで、官民連携に活路を見いだそうとする動きも活発化している。民間企業の経営は自由度が高く、事業の必要に応じて多様な人材を柔軟に投入できることがその理由である。

5 官民連携

近年、水道分野における官民連携の取り組みが活発になっているが、その論議の直接のルーツは1992年に英国で導入されたPFIの制度と考えられる。この制度が当初から水道事業も主要な対象としていたことも大きいが、わが国の水道関係者にイギリスの水道関連の制度を学ぼうとする意識があったこと（たとえば広域化など）もあり、早い段階でわが国の水道への導入が公的、私的に研究されるようになっていた。

実際の制度設計は、1997年の経済閣僚会議での検討開始が起点である。その後、1998年の自由民主党によるPFI推進調査会の設置などを経て、1999年に「民間資金等の活用による公共施設等の整備等の促進に関する法律」（PFI法）が成立して、基本的な手続が定められた。さらに、2000年には水道法が改正されて浄水場の包括委託管理などを第三者が受託することが可能になり、主旨としては官官連携が主な目的とされていたものの、民間企業にも参加余地が広がった。さらに、2003年には地方自治法が改正され、指定管理者制度が運用を開始した。PFI法は2011年にさらに改正され、コンセッション制度の導入が盛り込まれるなど、その後も継続的に法整備が進められてきている。

わが国の水道事業体が最初にPFI手法を導入したのは、東京都水道局金町浄水場の常用発電モデル事業で、PFI法に先駆けてスキームの検討や受託者選定が行われ、1999年に事業を開始している（**図２－８**）。また、2007年には初の包括委託事業が群馬県太田市で始まったほか、2009年には浄水場全体の更新を対象としたPFI事業である横浜市水道局の川井浄水場の再整備事業が供用を開始した。指定管理者制度を適用して包括的かつ広域的に官民連携を実施した事例としては、広島県と水ing㈱が出資して2012年に設立された㈱水みらい広島が挙げられ、段階的に営業範囲を拡張している。

図２－８　金町浄水場の常用発電設備

わが国の官民連携の制度的枠組みを整理すると**表２－２**のようになる。PFIは資金調達を起点とする点に特徴があり、新規の施設整備などの投資を伴う場合に向いている。一方、指定管理者は基本的には公共が整備した施設を維持しつつ、有効に活用することが制度の主旨である。包括委託や通常委託は業務の執行のみとするのが基本的な姿である。ただし、従来の公共調達の延長としての位置づけになるが、設計施工を一連の契約のパッケージとしてまとめて受託者選定をするDB（Design・Build）、これに包括委託もしくは指定管理者制度を組み合わせて運転管理（Operation）を委託するDBOなどの方法もしばしば適用されている。

表2－2　官民連携の枠組みのつくりかえの検討

項目	指定管理者制度	PFI（新PFI法）	包括委託	通常委託
基本的な思想	公共が、公の施設の維持を目的に、使用方法を定めて民間に使用権を付与して、維持運営を委託するもの	主に投資を伴う事業において民間資金を誘引する。その引き換えに民間に一定の裁量を与える	公共が業務の内容を大まかに定めて、細目の運用に裁量をあたえて民間企業に委託するもの	公共が業務の内容と仕様をすべて定めたうえで民間企業に委託するもの
サービス提供者	民間（制限つきで施設の使用許可権限や料金設定権を有する。代行制と利用料金制）	民間（直接徴収権を行使する独立採算型と公共を介するサービス購入型がある）	民間	公共（民間は公共の監督のもとで実務を実施する）
施設提供者	公共	民間（資金調達は民間が行う。公共への所有権移転のタイミングで種類あり）	公共	公共
サービス水準決定・監視者	民間が提案して公共のチェックを受ける	公共（性能発注。具体的実施方法は民間で提案）	公共が管理する	公共が管理する
リスク配分	事前に協定（行政処分、公共が一方的に決定）によりリスク配分を定める	事前に契約（官民対等な契約）によりリスク配分を定める	受託業務の範囲内で民間が刑事責任を負い、公共は刑事責任を免除される	責任は公共にある
典拠法令	地方自治法244条の2	PFI法	水道法24条の3、31条、34条1項 水道法施行令7～9条 水道法施行規則17条の3、4	民法632条等

水道事業の官民連携の形態、さらには公営での広域化や民営化までを含めて、将来ありうる形について、その展望を**図2－9**に示す。

官民連携の実施事例は徐々に増加してきている。初期の官民連携は十分な組織力を有する大規模な事業体が、事業継続上の選択肢の一つとして官民連携のスキームを提示し、これに民間企業が応募する形であった。官による運営は広域化などの工夫を伴いながら今後も主流となると予想されるが、一方で、特に簡易水道や専用水道など、規模が小さく、現場の技術力に不安を抱える事業において、ニーズが高まっている。現在、先行事例を通じて水道事業への投資や維持運営ノウハウを磨き上げている民間事業者が水道事業を担う力を高めていくことにより、より広範な官民連携、さらには民営化に近い

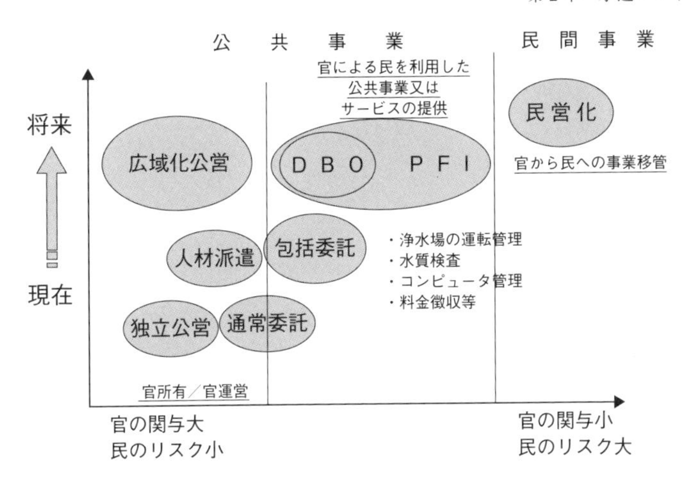

図２－９　水道事業の官民連携の形態

形態も可能になっていくものと予想される。

官民連携を実現する上で留意すべき点は、事業開始時点において事業条件を明確にすること（いわゆるリスク分担）、公共側と民間側の双方が契約時の管理水準の条件を順守しているかを適切にチェックすること（モニタリング）の２点である。

事業条件の明確化とは、具体的には、事業に求める管理水準を性能基準で網羅的、定量的に規定することである。たとえば、浄水場の運用であれば、水道水質基準を管理水準とするのか、それ以上の管理水準を設定するのかを明確にしておく必要がある。また、災害時のような特殊な条件の場合にも、この管理水準が厳守されなければならないのか、一時的に緩和されるのかを検討し、明文化しておかなければならない。公営時とくらべて厳しい管理水準を要求する例も見られるが、不合理な要求水準を設定すれば民間事業者は応募できないため、適切な妥協点を見いだすことが重要である。なお、通常委託の場合は業務の仕様や作業内容を事細かに定める仕様発注となるが、包括委託でこのような形態をとることは提案の自由度を狭めるので極力避けたい。また、生起確率が低い事態において「発注者受託者が協議の上適切に判断する」などとしてリスク分担を曖昧にすることは、ノウハウの蓄積がなかった初期には妥協策として一定の意味があったが、公共側にとっては責任の曖昧さを、民間側にとってはコストアップをもたらすため、今後はノウハウの蓄積を通じて解消していくことが望ましい。

また、このようにして設定された管理水準が適切に守られているか、改善の余地がないかを事業の開始以降、モニタリングしていくことも重要である。管理水準が明確かつ定量的に定められていない場合にはモニタリングが適切に行えず、事後評価の役割を果たさなくなるので注意が必要である。

これらのポイントを踏まえてPFIなどの投資を伴う官民連携による業務推進を実施するためには、最初に十分な可能性調査を実施し、現実を踏まえて事業化内容の案を策定したうえで、適切な管理水準を見いだすために、広く受託希望者の意見も聞きながら、その案をブラッシュアップすることが重要である。この際、なるべく受託希望者の裁量を認めてリスク分担を明確かつわかりやすいものとし、モニタリング体制を決めていく必要がある。

6　岐路に立つ水道

2.6.1　進まない耐震化と進む施設老朽化

今後更新時期を迎える施設が多くなる中で、水道施設の更新や耐震化は進んでいない。耐震化状況を把握するための指標として基幹管路耐震管割合を見ると、**図２－10**に示すように全国平均（平成25年度）は21.6％となっており、地域によって10％未満の地域から30％以上の地域まで大きな差がある。また、**図２－11**に示すように、規模が小さい事業ほど、耐震化が進んでいない状況にあり、事業規模が必要な施設整備を行うための資金や人の確保に影響している可能性がある。

施設老朽化状況を把握するための指標として経年化管路率を見ると、全国平均は10.5％となっており、**図２－12**に示すように給水人口規模が大きいほ

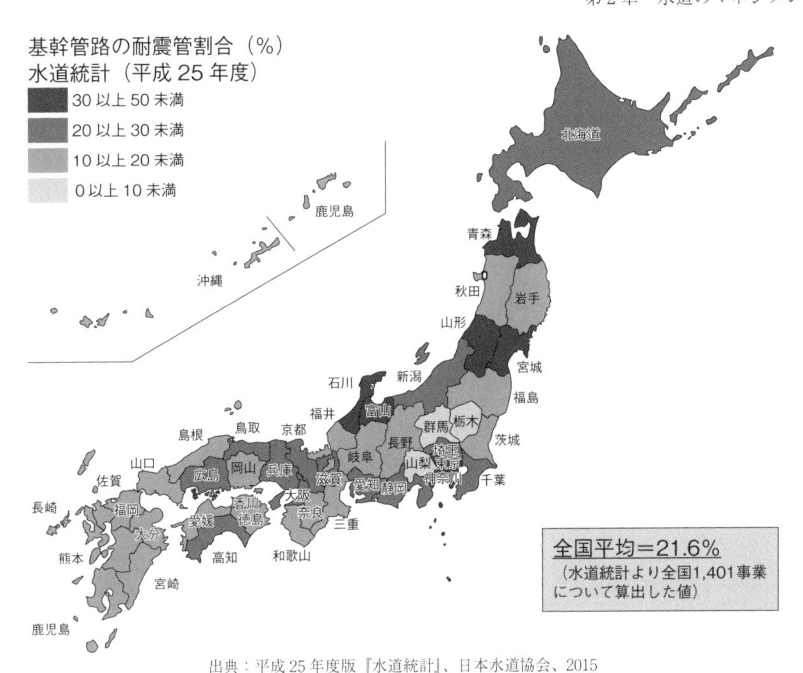

出典：平成25年度版『水道統計』、日本水道協会、2015

図2－10　基幹管路（導送配水本管）における耐震管の割合（%）都道府県別

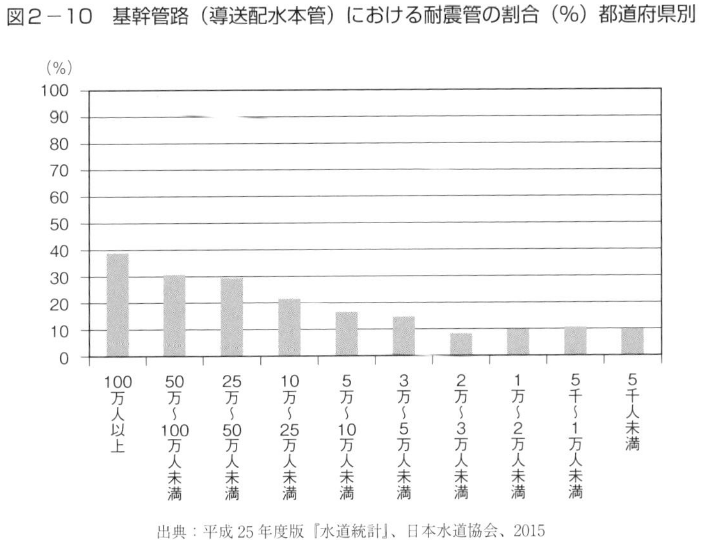

出典：平成25年度版『水道統計』、日本水道協会、2015

図2－11　基幹管路（導送配水本管）における耐震管の割合（給水人口規模別）

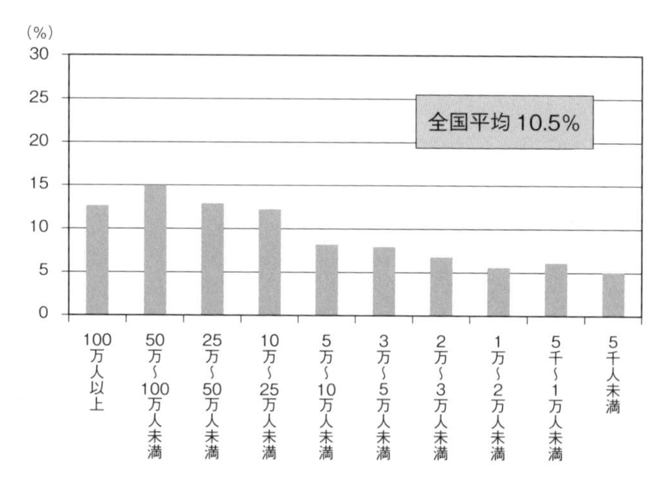

出典：平成25年度版『水道統計』、日本水道協会、2015

図2－12　経年化管路率（給水人口規模別）

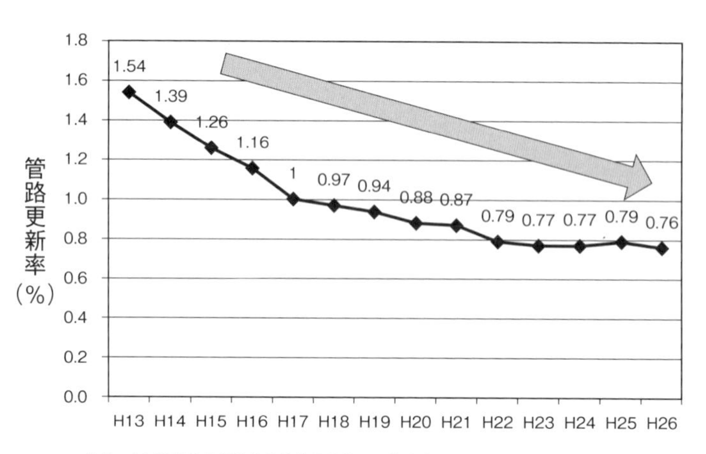

出典：『水道事業基盤強化方策検討会第6回参考資料』、厚生労働省、2015

図2－13　管路更新率の推移

ど同比率が高く、規模が小さいほど同比率が低い状況にある。特に、50～100万人規模で最も経年化管路率が高い。これは、事業創設時期が影響しているものと考えられ、創設時期の早い比較的規模の大きな事業体で、先行して更新時期を迎えているものと考えられる。

近年、**図２－13**に示すように管路の更新率は低下する傾向にあり、管路更新率の全国平均（平成25年度）は0.79％となっている。これは単純計算すると、今ある管路を更新するのに125年以上かかることになる。

管路は更新時に耐震性の高い管に交換することで耐震化を図るのが一般的である。つまり、管路更新率が低下している状況は、耐震化が進まず施設老朽化が進む状況と言える。

大規模地震の発災が懸念される中で、今後は全国的に更新時期を迎える状況となり、かつ事業収益が減少する見通しであることから、特に重要な施設については、耐震化や更新を確実に推進することが求められている。

２．６．２　人口減少社会とライフラインとしての使命

日本の総人口は、2008年に前年度の人口を下回り、人口減少社会へと突入した。これまでの水道事業は、増加する人口や給水量に対応するため給水区域や施設能力を拡張してきたが、一転縮小する社会となったのである。また、近年、節水機器の普及などにより、給水量はこれまでの増加傾向から横ばいまたは減少傾向に転じており、給水人口の減少に伴い、給水量もさらに減少するものと予測されている。人口減少の傾向は、**図２－14**に示すとおり全国一律ではなく地域差がある。また、都市部に人口が集中する傾向があるなど、中小事業体にとってはさらに厳しい状況が予想される。

これまでの水道事業運営は、増加する給水量や給水収益を背景に、水道料金からなる給水収益を主な資金とし、企業債や国庫補助金なども資金として必要な施設整備費用を賄ってきた。しかし、今後は現有施設を適切に維持管理しながら、今後やってくる大量更新時期に必要な更新を行わなくてはならない。更新に際しては、今後給水量は減少すると考えられることから、施設規模の縮小や、東日本大震災のような大規模地震の発生を想定した耐震性能の高い施設を整備しなければならない。

一方で、施設整備のための資金となる水道料金収入は、給水量が減少する

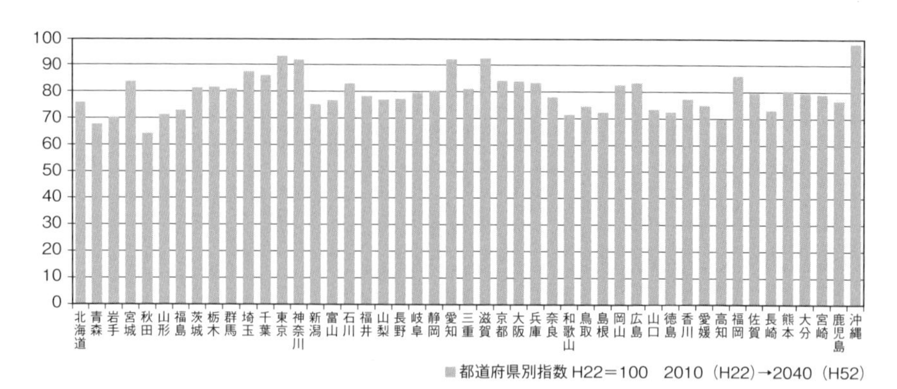

出典：国立社会保障・人口問題研究所推計（平成25年3月推計）のH22→H52比率

図2－14　都道府県別の人口指数

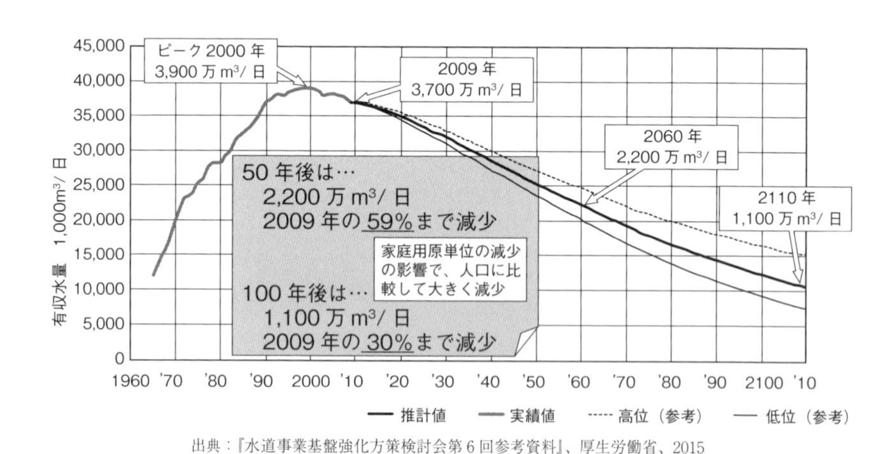

出典：『水道事業基盤強化方策検討会第6回参考資料』、厚生労働省、2015

図2－15　人口減少社会における有収水量の将来推定

中で今後減少する方向である（**図2－15**）。このような厳しい事業環境においても、水道はライフラインとしての使命があり、常時においても非常時においても安全な水を可能な限り安定的に供給する必要がある。

２．６．３　厳しさを増す事業環境と拡大する地域格差

水道は、水を供給するための施設、維持運営するための財源と人材によって支えられている。しかし、今後の水道事業を取り巻く環境は施設面、財政面、人材面で厳しさを増すと考えられる。

施設面では、老朽化の進行のほか、給水量の減少による施設能力の余剰が挙げられる。これまでの水道施設は、人口や給水量が増加し続けていた中で、将来必要となる計画給水量を供給するために最適な設計がなされてきたが、給水量が減少する状況の中で、実際の供給量に対し、施設能力が過大になっている。このことは、設計当時の施設が有する浄水能力や輸送能力が発揮されていないことを意味し、能力の縮小や統廃合などによる最適化が必要となっている。

図２－16は都道府県別の施設利用率を示したものである。都道府県別の施設利用率は、50～80％の間にあるが、65％以上なのは沖縄県、宮崎県、大分県、千葉県のみであり、その他の都道府県は65％未満、つまり35％以上の施設能力を使用していないことになる。

図２－17は給水人口規模別の施設利用率の状況であるが、給水人口１万人未満では平均で50％未満となっており、特に小規模事業体で施設能力が過大になっていることがわかる。

財政面では、収益性の悪化と地域格差の拡大が挙げられる。**図２－18**は都道府県別の有収水量密度（区域面積１haあたりの有収水量）を示したものである。全国平均は1.48千m^3/haであるが、それを下回る都道府県が多く、特に北海道や東北、関東北部、島根県、佐賀県では、それを大きく下回っており、事業の収益性という面では厳しい環境にあることが伺える。その一方で東京都は10千m^3/ha以上の有収水量密度であり、地域によって大きな格差があることがわかる。

水道事業の収益は、水道料金による給水収益であることから、大量更新時期を迎えるころには、現行の水道料金では、事業収益が大幅に減少している

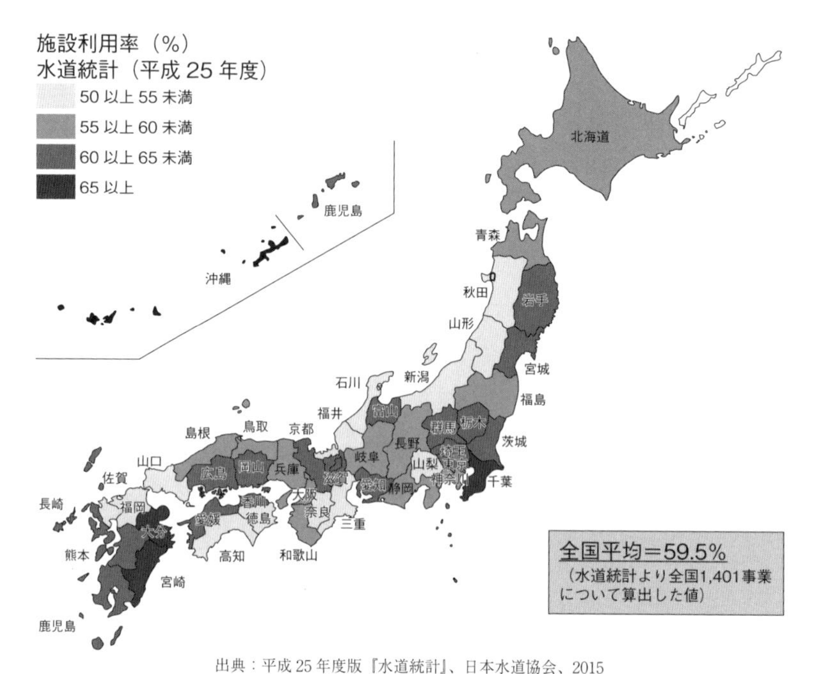

出典：平成 25 年度版『水道統計』、日本水道協会、2015

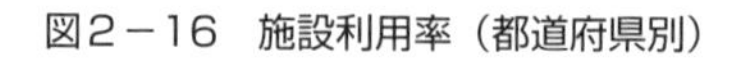

図２－16　施設利用率（都道府県別）

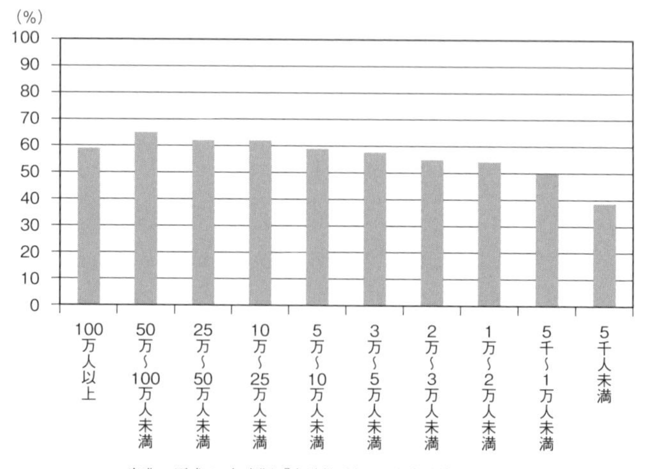

出典：平成 25 年度版『水道統計』、日本水道協会、2015

図２－17　施設利用率（給水人口規模別）

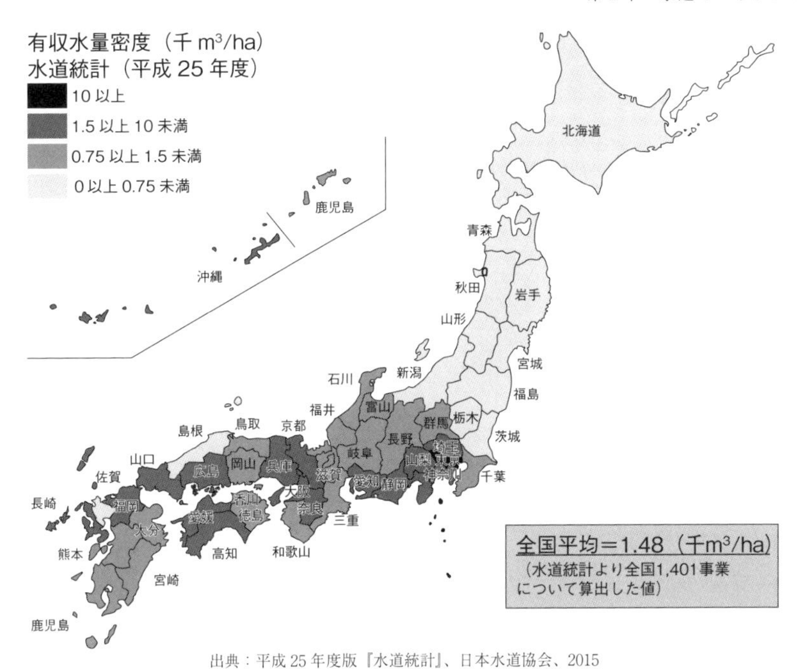

出典：平成 25 年度版『水道統計』、日本水道協会、2015

図２－18　有収水量密度（1,000m^3/ha）都道府県別

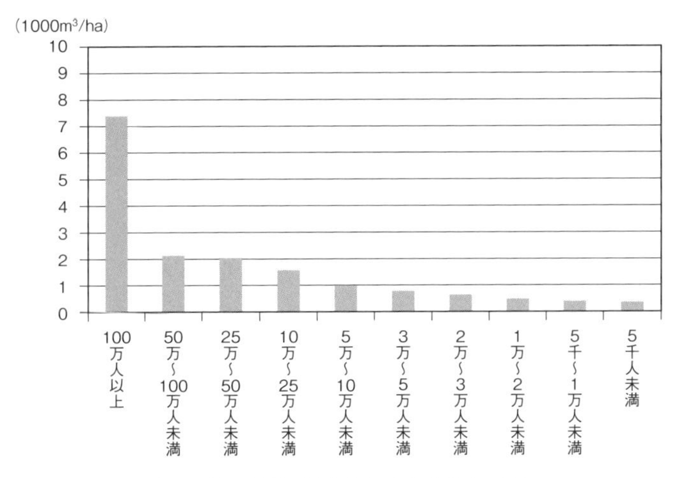

出典：平成 25 年度版『水道統計』、日本水道協会、2015

図２－19　有収水量密度（1,000m^3/ha）給水人口規模別

こととなる。このため、特に事業規模の小さい中小規模の水道事業体や事業効率の低い地域では、将来さらに厳しい事業環境の到来が予測される（**図２－19**）。

水道法では、給水人口5,000人未満の水道を簡易水道というが、この簡易水道事業は事業規模が小さいこと、山間部など収益性の悪い立地条件である場合が多いことなどにより、水道事業以上に厳しい経営状況となっている。このため、平成19年度から、これら簡易水道事業について事業統合が推進されており、簡易水道事業数は減少傾向にある。しかしながら、離島や距離の離れている簡易水道などは統合することが難しい。また、簡易水道がある地域では統合先となる水道事業も小規模である場合が多く、統合後の事業収益が悪化したり、統合したとしても事業効率の低さは変わらないなどの課題が多く残っている。日本全体の水道のあり方の問題として、これらの事業をどのように運営していくか検討していく必要がある。

２.６.４　ライフラインとしての水道を守るために

これまで見てきたような水道の施設整備状況や事業環境が、このまま継続するとどうなるのだろうか。**図２－20**は、都道府県別の経年化管路率と有収水量密度の平成25年度値と、平成25年３月時点の将来推計人口結果と平成25年度の管路更新率の傾向が継続した場合の30年後の値の試算結果である。

有収水量密度が低く経年化管路率が高いグループは、このままの管路更新率では30年後の経年化管路率は大幅に高くなり、50％を超える事業体も多くなる。また、有収水量密度は人口の減少に伴い低くなり、経営環境も厳しくなる。一方で、有収水量密度が非常に高く、管路更新率２％以上である地域は、収益性（有収水量密度）の低下率が低く、経年化管路率は上がるものの10％台を維持できる見通しである。このように、将来的には水道事業全体として経営環境は厳しくなるものの、地域的な格差はさらに拡大する方向であると言える。

経年化管路率は、法定耐用年数にもとづいて算出したものであり、実際の

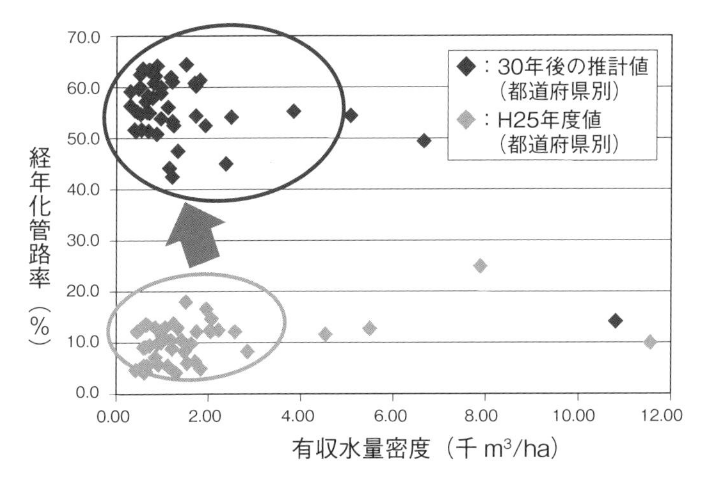

（試算条件：各都道府県の管路更新率がH25値のままと仮定、都道府県別人口は国立社会保障・人口問題研究所推計（平成25年3月推計）のH22→H52比率を適用）

出典：平成25年度版『水道統計』、日本水道協会、2015

図2－20　経年化管路率と有収水量密度

管路は材質や埋設環境によっては60年以上使用可能なものもあるが、2.6.1項で示したように管路更新率の全国平均（平成25年度）は0.79％であり、単純計算では管路は125年以上使用することとなる。

管路更新率を改善しなければ、耐用年数を大幅に超えた施設や管路の割合が増え、事故率や漏水率の増加など事業運営に悪影響を及ぼす事態になりかねず、水道事業は負のスパイラルに陥ることが懸念される。

このようなことから、厚生労働省は水道事業基盤強化検討会を設置し、水道事業の現状と今後の方策を検討している。事業規模を確保するために、新水道ビジョンの重点的な実現方策でも挙げた水道事業の広域化に加え、都道府県が主導する広域連携の推進などの必要性を打ち出すとともに、管路更新など必要な整備を推進するため新たな基準による補助制度を新設するなどの取り組みが始まっている。

今後、人口減少のスピードはさらに加速する見通しである。経営資源がまだある今が、ライフラインとしての水道を守る最後の機会なのである。

＊　　＊　　＊

参考文献
1）『水道ビジョンフォローアップ検討会参考資料』、厚生労働省、2007
2）『第２回水道ビジョン検討会資料３　水道基本問題検討会等との関連について』、厚生労働省、2011
3）『水道事業におけるアセットマネジメント（資産管理）に関する手引き』、厚生労働省、2011
4）『第１回新水道ビジョン策定検討会資料』、厚生労働省、2012
5）『新水道ビジョン』、厚生労働省、2013
6）『水道事業基盤強化方策検討会　第６回参考資料』、厚生労働省、2015
7）『水道事業基盤強化方策検討会』、厚生労働省、2015
8）『水道事業ガイドライン』、日本水道協会、2005
9）平成25年度版『水道統計』、日本水道協会、2015

第3章

水をつかうとは

第3章　水をつかうとは

1　水の性質

3.1.1　水の物理化学的性質

水はH_2Oの分子式で表される水素と酸素からなる化合物であり、**図3－1左図**に示すような分子構造をしている。H-Oの共有結合を担う電子は酸素原子に少し引き寄せられ、酸素原子はわずかに負電荷（$\delta -$）を、水素原子はわずかに正電荷（$\delta +$）を帯びている。このため、水分子全体で見ると電荷の偏り（極性）が生じることになる。この水分子の極性が水にさまざまな特徴を与えている。

水分子はその極性によって、正に帯電した水素原子と負に帯電した酸素原子との間に静電気的な引力が働き、隣り合う水分子同士が引き合う結合（水素結合）によって結びついている（**図3－1右図**）。この分子間力によって水は他の同様の構造を持つ化合物（H_2S、H_2Seなど）に比べて高い沸点を持つ化合物である。

水はその極性により、極性のある分子を溶解する力が強いという特徴を持

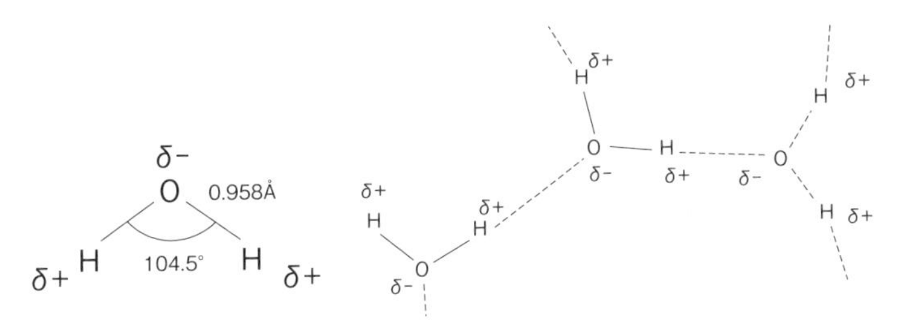

図３−１　水分子の構造（左）と水の水素結合（右）

つ。たとえば、食塩が水によく溶けるのは、塩化ナトリウムの結晶を構成するNa^+とCl^-が、水中で極性分子である水分子に囲まれて、Na^+はH_2Oの酸素原子側に、Cl^-はH_2Oの水素原子側に静電気的な引力で引き寄せられて安定するからである（**図３−２**）。

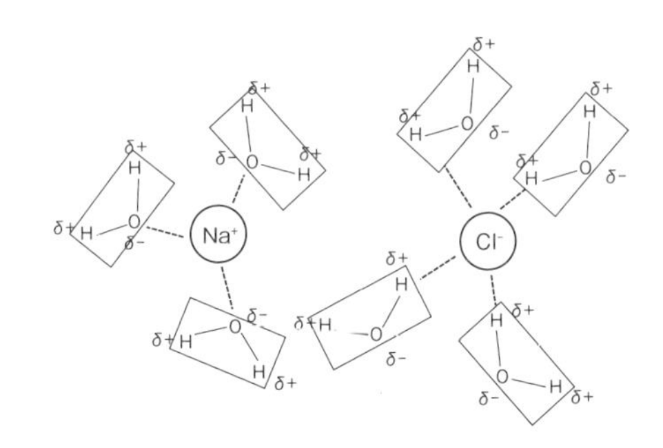

図３−２　塩化ナトリウムの水への溶解の概念図

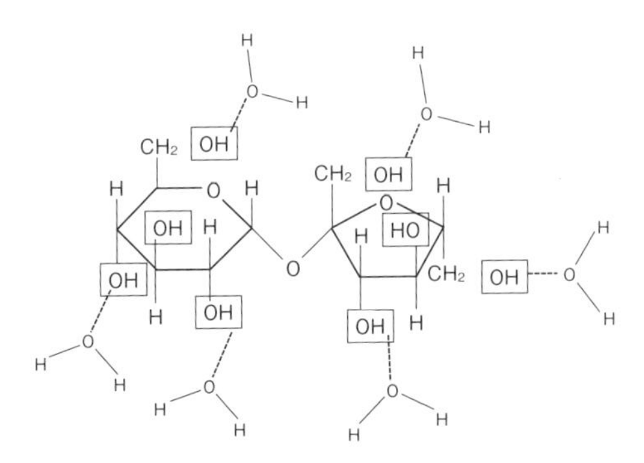

図３−３　スクロース分子と水の水素結合

砂糖を構成する主な化合物であるスクロースは塩化ナトリウムのように電離はしないが、**図３－３**に示すように、スクロース分子中の$^{-}$OH基は水分子と同様に極性を持ち、水分子と水素結合をするので、水に容易に溶解する。このような$^{-}$OH基の働きを親水基というが、水はスクロースやエタノール（C_2H_5OH）のように親水基を持つ親水性の分子を溶解する働きがある。

３．１．２　水の物理的性質

表３－１は水及び各種液体及び空気の物性を示す。水は多くの有機化合物の液体と比べ、比熱、伝導率、及び蒸発熱が大きく、物質の冷却や加温には適した液体であることが分かる。また、地球上に豊富に存在する流体の代表である空気と比較すると、密度はもちろんのこと、比熱、熱伝導率でも大きい値を示すことが分かる。従って、水は空気と比較すると冷却プロセスや洗浄プロセス（体積当たりの運動量が大きい）などに適した流体であり、物質の溶解能力と合わせ、水は各種の工業プロセスや家庭において、洗浄や冷却など幅広い用途で用いるための優れた物性をもっている化合物である。

表３－１　各種液体及び空気の物性（1気圧）

	密度（20℃）	比熱（20℃）	熱伝導率（20℃）	蒸発熱	沸点
	g/cm^3	J/(kg・K)	(W/(m・K)	kJ/kg	℃
水	0.9982	4182	0.602	2257	100
エチルアルコール	0.79	2416	0.183	838	78.3
アセトン	0.79	2160	0.18	500	56.5
トルエン	0.878	1679	0.151	363	110.6
スピンドル油	0.871	1851	0.144		
空気	0.001166	1006	0.0257		

３．１．３　水の流れに関する基礎

河川、用水路、水道管路、下水管路から、浄水場における砂ろ過層や地下土層中までさまざまな所に水は流れ、この流れを生む力は圧力差あるいは重力であり、これに抵抗する壁面との摩擦力が釣り合った状態で水は流れる。

直径ｄの円形断面の管路中を水が流速vで距離Lだけ流れるときに管内壁面と水との摩擦で失われるエネルギー、逆に言うとその水の輸送に必要となるエネルギーを水の高さ（水頭）で表す摩擦損失水頭h_fは次式（ダルシー・ワイスバッハ式）で表される。

$$h_f = f\frac{L}{d}\frac{v^2}{2g}$$

ここで、f: 摩擦損失係数、g：重力加速度である。

摩擦損失係数fは摩擦損失に関する基本的な値で、円管内の流れにおいては、管壁の粗さを表す絶対粗度k_sと直径ｄとの比（相対粗度）と以下の式で定義されるレイノルズ数Reによって決定される。

$$Re = \frac{\rho vd}{\mu}$$

ここで、ρ：水の密度、μ：水の粘性係数である。

摩擦損失係数fとレイノルズ数及び相対粗度との関係を表したものが**図３－４**である。また種々の管における絶対粗度の値の目安値を**表３－２**に表す。

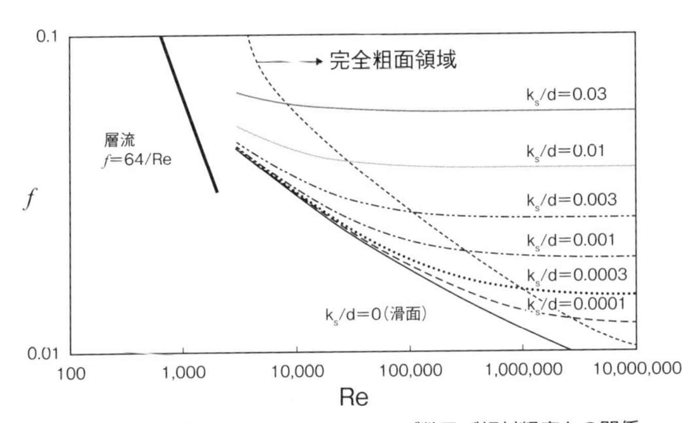

図３－４　摩擦損失係数fとレイノルズ数及び相対粗度との関係

表３－２　種々の管における絶対粗度の値の目安値　(水理公式集平成11年度版より)

管種	壁面状態	絶対粗度, k_s (mm)
鋳鉄管	新品　塗装あり	$1.0 \sim 1.5 \times 10^{-1}$
	新品　塗装無	$2.5 \sim 5.0 \times 10^{-1}$
	錆発生	$1.0 \sim 1.5$
	錆こぶなどが発生	$2.0 \sim 5.0^{1}$
コンクリート管	新品、滑らか、継目平滑	$1.5 \sim 6.0 \times 10^{-2}$
	遠心力コンクリート管、継目良好	$1.5 \sim 4.5 \times 10^{-1}$
	粗面	$4.0 \sim 6.0 \times 10^{-1}$
塩化ビニル管	工業的に滑らか	$\sim 2.0 \times 10^{-3}$

円管内の流れでは、レイノルズ数がおよそ2000以下では流れは層流という乱れのない流れとなるが、2000以上では渦を発生させながら乱れて流れる乱流となり、摩擦損失に関する挙動は大きく異なる。層流では摩擦損失係数はレイノルズ数の逆数に比例する形となるが、逆にレイノルズ数が大きく、相対粗度が大きい流れでは、摩擦損失係数はレイノルズ数に依存せずに相対粗度のみに依存するようになる。この後者の領域を完全粗面乱流とよぶ。河川の流れは完全粗面乱流であるという前提にたち、レイノルズ数は全く考慮されず、河床の状態のみを考慮した式を用いている。

通常の水道管路の中の流れは乱流となるが、必ずしも完全粗面乱流とはならない。たとえば、直径d=100mmの新品の塗装のある鋳鉄管($k_s = 1.0 \times 10^{-1}$mm)中を、流速 v =1m/s で水道水が流れる状態を考えると、Re=100,000、相対粗度 k_s / d=10^{-3}となり、**図３－４**からは流れは完全粗面乱流ではないことがわかる。従って、水道管路の設計において通常用いられる実用公式である下式のヘーゼン・ウイリアムス式では、摩擦損失係数がレイノルズ数によって多少影響を受けることを考慮して、以下のように定式化がなされている。

$$H = 10.666 \cdot C^{-1.35} \cdot D^{-4.87} \cdot Q^{1.85} \cdot L$$

ここに、H:摩擦損失水頭（m）　C:流速係数（110～130）　D:管内径（m）
Q：流量（m^3/s）　L：管路延長（m）

浄水プロセスで用いられる砂ろ過や膜ろ過においては、砂層あるいは膜細孔内の水の流れは小さい空隙を遅い流速で流れる層流となり、また浄水プロセスにおける沈でん池における粒子の沈降も層流の流れ場での現象となるので、粘性の影響を受けることになる。水の粘性係数と温度との関係を**図３－５**に示す。水の粘性係数は水温によって大きく変化し、０℃付近と30℃付近では２倍ほどの違いがある。従って、水温が低くなるとろ過流量の低下に注意しなければならない。

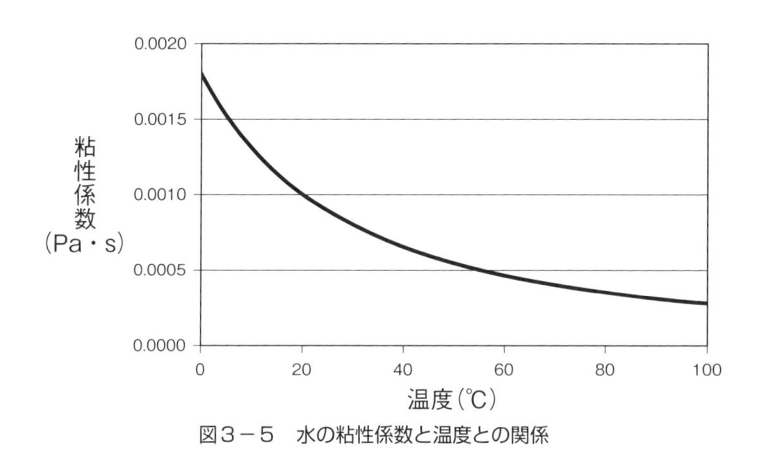

図３－５　水の粘性係数と温度との関係

2　水循環と水資源開発

３．２．１　健全な水循環とは

健全な水循環とは、「流域を中心とした一連の水の流れの過程において、人間の営みと環境の保全に果たす水の機能が、適切なバランスの下に確保されている状態」と定義されている。これまで、人口の都市部への集中や市街地の拡大、森林や農地の変化、社会経済活動の変化、近年の気象変動などを背景に、河川などの水質汚濁、森林面積の減少などに伴う涵養機能の低下、不浸透面積の拡大による都市型水害などの問題が起きている。

このような水循環にかかわる諸問題に対処するため、多くの個別施策が講じられてきたが、十分な成果は得られてこなかった。

そこで、健全な水循環を維持または回復するという目標を共有し、その個別施策を相互に連携・調整しながら進めていくために、水循環に関する施策を総合的かつ一体的に推進することを目的として、2014（平成26）年７月に水循環基本法が施行された。また、その目的を達成するために、2015（平成27）年７月に水循環基本計画が閣議決定され、平成27年度からの５年間を対象期間として策定されている。

３.２.２　水循環

地球上には、約14億km^3の水があるといわれている。その約97.5%が海水であり、残りの約2.5%が淡水である。この淡水の約70%が、氷河や氷山・万年雪として極地域などに存在している。残りの30%が、地下水、河川・湖沼の水などとして存在しており、それは地球上に存在している水の約0.8%に過

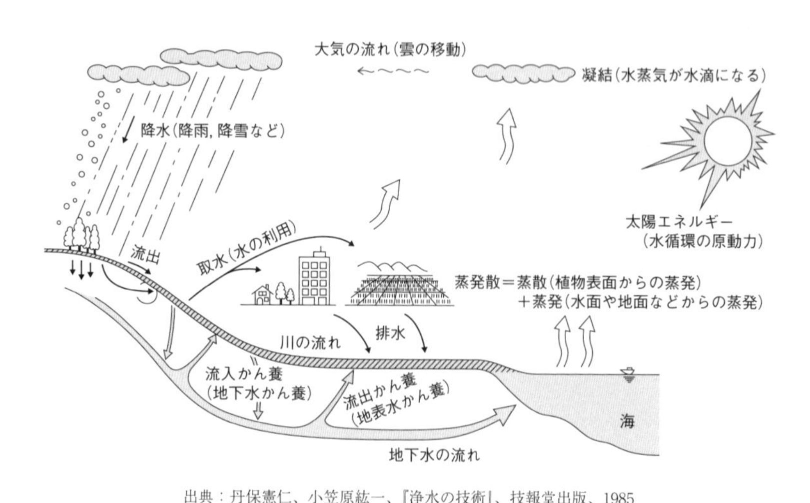

出典：丹保憲仁、小笠原紘一、『浄水の技術』、技報堂出版、1985

図３－６　流域における水循環

ぎない。地球は「青い惑星」と呼ばれるが、人間が利用しやすい水資源はこのように限られている。

図3－6に示すように、降水が流出し、一部は地下浸透し、地下水となり、また一部は河川や湖沼に流入し、表流水となる。地下水と表流水は相互作用として、流入涵養・流出涵養を繰り返しながら、海に流出する。海水となった水は、太陽エネルギーによって温められ、大気中に蒸発散していく。このように水は、常に状態や場所を変え、自然界の中を循環しており、このことを水循環と言う。流域における水循環の中で、人間は、生活用水・工業用水・農業用水などとして水を利用している。その利用した水の一部は、下水処理場で浄化され、河川、湖沼または海へ放流されている。

図3－7は東京都の水収支を降水量をベースにして示したものである。東京都の最大の水の供給源は降雨（1,405mm/年）である。そのうち、約29%（412mm/年）が大気中に蒸発散し、約26%（359mm/年）が地下浸透して地下水となり、約45%（634mm/年）が直接流出または下水管・下水処理場を経由して河川に流出している。浄水場で必要とする水量（工業用水含

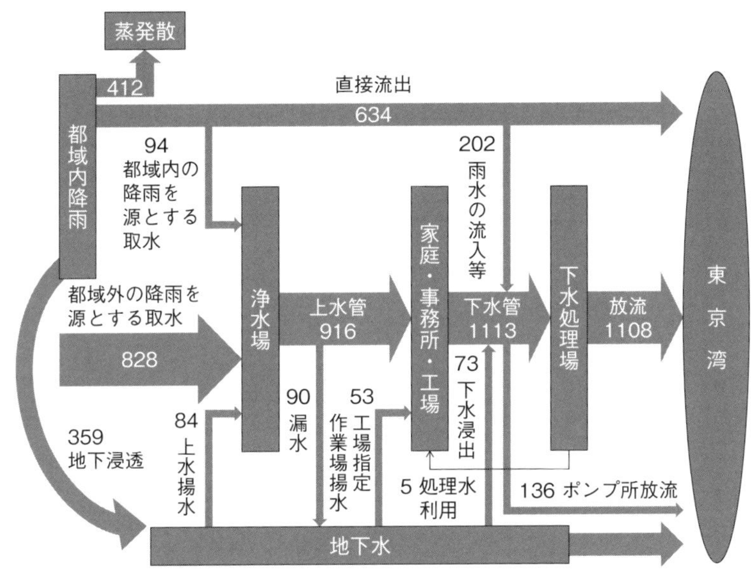

図3－7　東京都の水収支（単位：mm/年）

む）は1,006mm/年であるが、都域内の降雨由来の水源（河川・地下水）は178mm/年のみで、浄水場の必要水量の約18%である。そのため、東京都は、都域内の降雨だけでは水循環が完結せず、都域外の水資源を利用していることになる。

近代上下水道システムを成立させるためには、「良質な原水を安定的に供給できる水源地帯」と「環境を損なわず排水を受け入れる下流域」が存在することが前提となる。ただし、流域の人口密度によっては、近代上下水道システムを成立させることは難しい。

図３－８に示すように、流出量抑制をダムなどで平均的調整（平均水量/渇水量=2.5程度）して、一人当たり300m^{2}ぐらいの集水域が上水道の運用に必要となる。下水処理場ではBOD200mg/L程度の下水のBODを生物処理で95%ほど除去し、BOD10mg/L程度で放流するとして、河川のBODを水環境類型基準Ｂの3mg/L程度にとどめたいとすると、河川に放流水の２倍ほどの清浄水（BOD1mg/L以下）が希釈水として必要になる。上水道用の原水

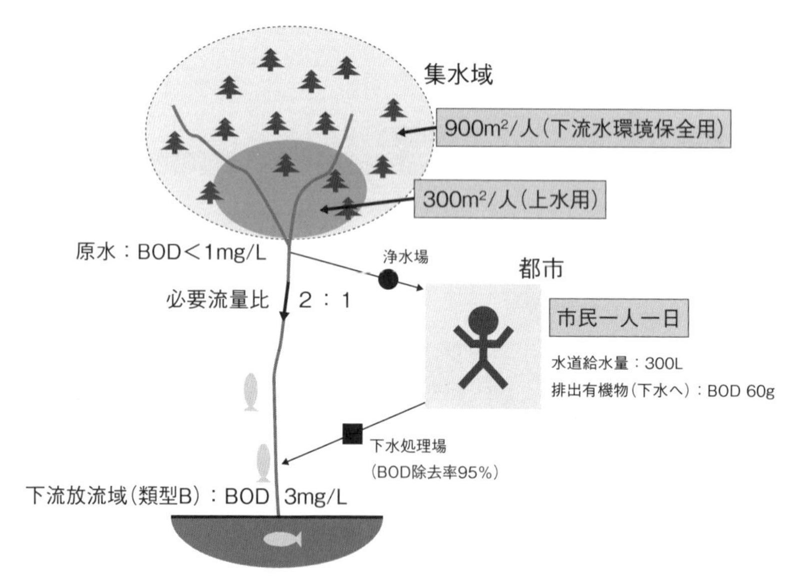

出典：丹保憲仁、竹村公太郎、『人と水』、北海道地域総合振興機構、2010

図３－８　近代上下水道システムで都市住民一人が必要とする水源域

取得に300m^2、下水の希釈用に600m^2、総計して900m^{2}ぐらいの清浄水集水用の水源域が無いと近代上下水道システムは地域に存在し得ないことになる。

人口密度で考えると、1,111人/km^{2}以上であれば、近代上水道システムを維持することが難しいということである。日本全国の人口密度は337人/km^{2}であるが、関東地方の人口密度は1,324人/km^{2}である。そのため、関東地方では、流域一体とする総合水管理が求められる。

水資源賦存量とは、「水資源として、理論上人間が最大限利用可能な量であって、降水量から蒸発散量を引いたものに当該地域の面積を乗じて求めた値」のことをいう。**図3－9**に示すように、日本の30年間（1981～2010年）の平均水資源賦存量は、約4,100億m^{3}である。

そのうち、年間使用水量は約809億m^{3}で、河川から約717億m^3、地下水から約92億m^{3}取水している。日本の国土は、急峻で河川の流路延長が短く、降雨は梅雨や台風の時期に集中するため、水資源賦存量の約80%が水資源として利用されないまま海に流出している。

一人当たり水資源賦存量を見ると、平均水資源賦存量、渇水年水資源賦存量ともに、関東臨海、近畿内陸・臨海、北九州及び沖縄では、全国平均値よ

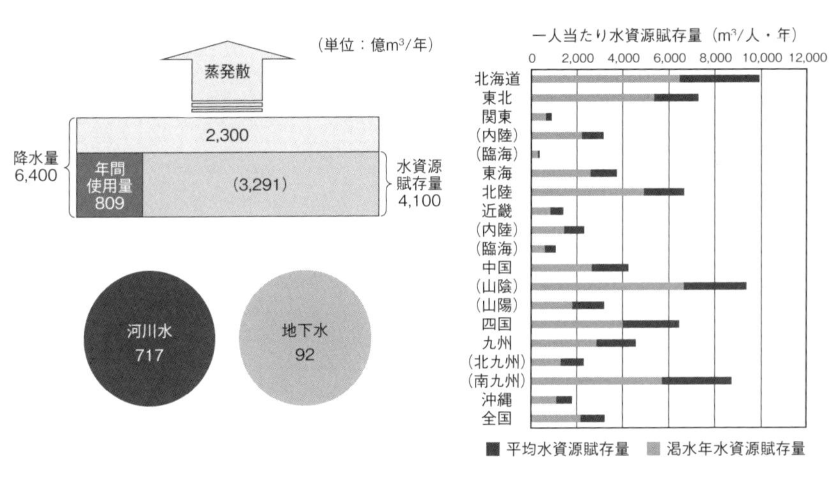

出典：『平成26年版日本の水資源について』、国土交通省ホームページ（一部改変）

図3－9　日本の水資源賦存量と一人当たり水資源賦存量

り低い。特に、関東内陸・臨海、近畿内陸では、年平均降水量が全国平均より下回っており、かつ、人口密度が高いため、一人当たりの水資源賦存量が不足している。

3.2.3　水資源開発と水利権

水道水源として河川水を利用する場合は、あらかじめ、国土交通大臣や都道府県知事などの河川管理者に対して流水占用の許可を申請し、「水利権」の許可を得る必要がある。主な水利権の目的としては水道用水のほかに工業用水、水力発電用水、灌漑用水などがある。また、旧河川法（明治29年公布）施行以前、または河川法の適用を受ける法定河川（一級、二級、準用河川）として指定される以前から、社会的に承認されてきたかたちで水を利用してきている場合は、慣行水利権といい、改めて取水の許可を得ることなく水を使用することができる。**図３－10**は水利使用標識の例であるが、許可起源、許可権者名、使用者、目的、取水量などが明記され、取水場所に掲示される。

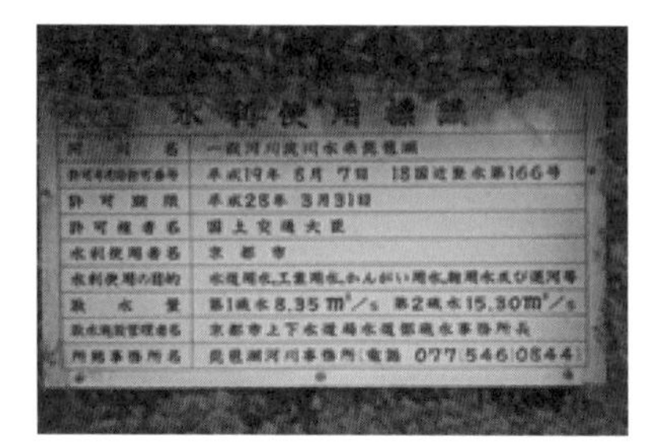

図３－10　水利使用標識の例

河川において新たに水源を確保するための手段としては、ダム建設が一般的である。河川の上流にダムを建設することにより、下流において取水可能量を増やす水源開発の概念を**図３－11**に示す。ダムがない場合は、河川流量は降雨量の年間変動によって大きな変動があるが、ダム建設によって大きな流量のピーク部分を蓄えることによって河川流量が平準化し、年間を通した最低の流量が増加して、取水可能量を確保することができるようになる。

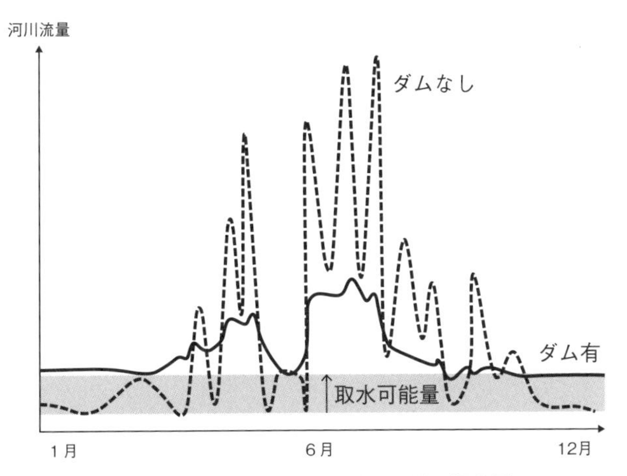

図3－11　ダム建設による水源開発の概念図

水利権を許可する河川流量の基準としては、基準渇水流量が用いられる。これは10年に1回程度発生する渇水年において、取水予定地点の渇水流量（1年間のうち355日は上回る流量）である。これから、既に権利を得ている者の水利権量、河川の正常な流況を確保するために必要な維持流量を差し引いた水量に対して、新たな水利権が許可されることになり、これが不足する場合は、先に説明したダム開発によって基準渇水流量を増やすことになる。このようにして許可される水利権を安定水利権と称している。

一方、ダム建設の費用負担をして、新たな水利権を獲得することを期待しているにもかかわらず、ダムが未完成であり、現実に水需要が発生して取水する必要がある場合、暫定的に基準渇水流量を超える部分について取水することが許可されることがあり、これを暫定豊水水利権と称している。

3.2.4　水道水源の現状

日本における2011年の年間使用水量は、合計で約809億m³/年で、用途別に見ると、農業用水が約544億m³/年で、水使用の用途としては一番大きい。また、生活用水と工業用水の合計が約265億m³/年である。

図3－12に示すように、水道用水の水源としては、ダムが47.4%、河川水が25.2%である。大都市圏では、大量の水を確保しなければならないため、水道水源をダム水や河川水等の表流水に求めている（**図3－13**）。水道水源の構成比推移を見ると、1975年度には年間取水量に対するダム依存率は約22%であるが、2013年度には約47%となり、経年的にダム依存率が増大している。

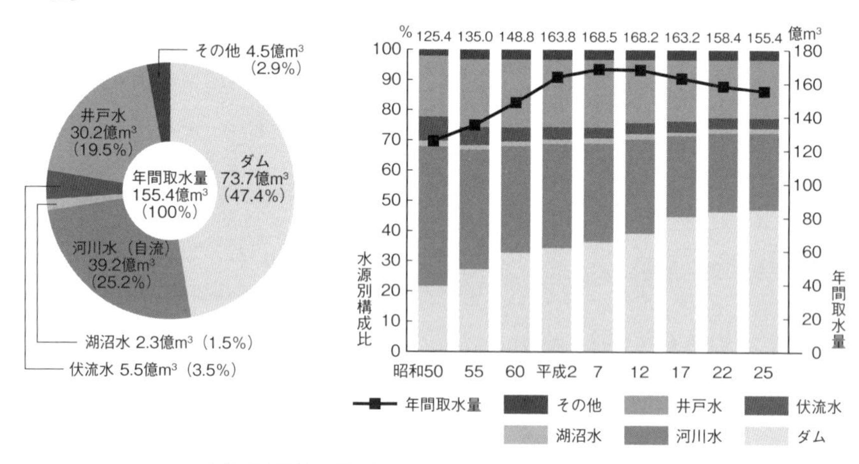

出典：『水道水源の状況』、日本水道協会ホームページ（一部改変）

図3－12　水道水源種別と構成比の推移（平成25年度生活用水＋工業用水）

ダム依存率が高い理由としては、日本の地形が挙げられる。日本の地形は急峻で、河川勾配も諸外国と比較しても急勾配である。そのため、治水・利水に不向きであり、ダムなどの水資源開発施設により水源を確保する必要があったからである。

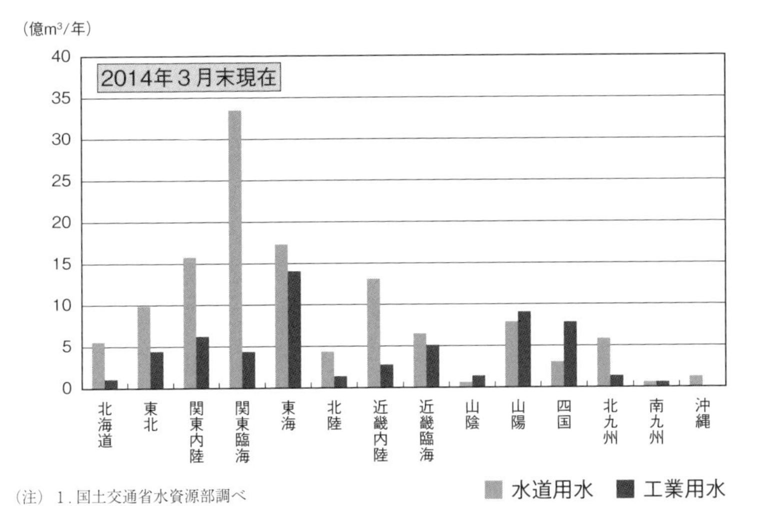

(注) 1. 国土交通省水資源部調べ
2. 2013年度までの累計開発水量である。
3. 開発水量（億m^3/年）は、開発水量（m^3/s）を年量に換算したものに負荷率を乗じて求めた。負荷率（一日平均給水量/一日最大給水量）は、ここでは5/6とした。

出典：『平成26年版日本の水資源について』、国土交通省ホームページ

図3－13　ダム等水資源開発施設による都市用水の開発水量

3　水質保全と環境

3.3.1　水質環境基準

水道水源における水質を保全することを目的の一つとして、公共用水域（河川、湖沼、海域）においては、環境基本法に基づいて水質環境基準が定められている。水質環境基準は、水銀などヒトの健康に影響を及ぼす項目に関する「人の健康の保護に関する環境基準」（健康項目）と、溶存酸素など人の健康とは直接関係はないが、水域の生活環境を保全するために必要な項目である「生活環境の保全に関する環境基準」（生活環境項目）」に分けられる。

健康項目は、全国の公共用水域に対して一律に定められ、基本的には水道水質基準と同じ値となっている。これは、浄水場において、これらの有害物質が十分に除去されない場合でも、水道水の安全性を確保するためである。一方、生活環境項目は、水域の利用目的、特に水道原水として用いるか否かと浄水方法を考慮して、水域ごとに類型化をして、異なる基準を定めている。

3.3.2 排水基準

表3－3　排水基準の体系

<table>
<tr><th colspan="3">排水基準の種類</th><th>対象施設</th><th>対象水域</th></tr>
<tr><td rowspan="3">排水基準</td><td rowspan="2">一律排水基準
（環境省令）</td><td>有害物質</td><td>全ての特定事業場</td><td rowspan="2">全公共用水域
（全国一律）</td></tr>
<tr><td>生活環境項目</td><td>日平均排水量50m^3以上の特定事業場</td></tr>
<tr><td colspan="2">上乗せ排水基準
（都道府県条例）</td><td>特定事業場の新設・既設、業種、排水量などにより区分</td><td>指定する水域ごとに区分</td></tr>
</table>

排水基準は、公共用水域の環境を保全する目的で、特定事業場から排水される汚濁物質の濃度の上限を定めるもので、水質汚濁防止法に基づき、すべての公共用水域を対象水域として環境省令で定める一律排水基準と、都道府県が、一律排水基準では十分に水質環境保全を達成できないと判断した場合、独自に一律排水基準より厳しい基準を条例で定める、上乗せ排水基準がある（**表３－３**）。一律排水基準は、環境基準の区分と同様に、有害物質に関する基準と生活環境項目に関する基準に分けられ、有害物質がすべての特定事業場を対象とするのに対し、生活環境項目は日平均排水量50m^3以上の事業場のみを対象とする。なお、特定事業場とは、特定施設を設置する工場または事業場のことで、特定施設とは、有害物質または、生活環境項目で生活環境に係わる被害を生じる恐れのある程度の汚水または廃液を排出する施設のことをいい、その種類は政令で定められている。上乗せ排水基準は、特定事業場の条件や水域の重要度（例えば水道水源になっているなど）によって区分された水域毎に異なった基準を定めることが多い。なお、下水処理場からの放流水の基準については、下水道法によって定められる。

有害物質に関する一律排水基準は公共用水域に排出後に10倍に希釈されるという前提に立ち、基本的には有害物質に関する環境基準の10倍の値となっている。

生活環境項目に関する一律排水基準は、最大値と日間平均値の2種類の定め方があり、対象とする水域は、BODについては、湖沼・海域以外の公共用水域（主に河川）、CODについては、湖沼・海域、窒素含有量、りん含有量は、富栄養化が懸念される湖沼・海域となっており、生活環境項目の環境基準における指定項目と対応するようになっている。

3.3.3　水質環境基準の達成状況

図3－14に公共用水域における生活環境項目の環境基準の達成状況（河川はBOD、湖沼・海域はCOD）を示す。河川のBODの達成率は、主に下水

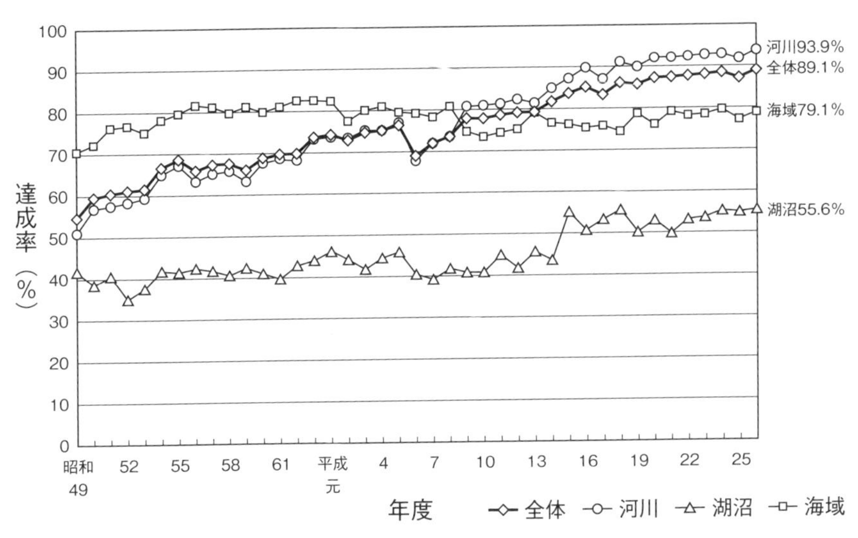

資料：『平成26年度公共用水域水質測定結果』、環境省、2015

図3－14　公共用水域における環境基準の達成状況（BODまたはCOD）

道普及率の向上とともに改善が進んでいるものの、湖沼のCODの達成率は漸増あるいは横ばいである。これは、窒素やりんの栄養塩類の流入負荷の削減が思うように進んでおらず、富栄養化に伴う内部生産が原因であると考えられている。

健康項目に関しては、工場・事業場に対する排水規制の強化等により、全国的にほぼ環境基準を達成している状況であり、健康項目全体（27項目）の環境基準達成率は平成26年度で99.1％となっている。しかしながら、環境基準値の超過は、カドミウム、鉛、砒素（22か所）、1,2-ジクロロエタン、硝酸性窒素及び亜硝酸性窒素、ふっ素（17か所）、ほう素の７項目について、のべ48地点（内河川が27地点）でみられ、砒素、ふっ素では自然由来が主たる原因である。

*　　*　　*

参考文献

1）『平成26年度公共用水域水質測定結果』、環境省、2015
2）丹保憲仁、小笠原紘一共著、『浄水の技術』、技報堂出版、1985
3）『平成26年版日本の水資源について』、国土交通省
4）『日本の統計2015』、総務省統計局、2015
5）『東京都水循環マスタープラン』、東京都、1999
6）『水理公式集　平成11年度版』、土木学会、1999
7）平成25年度版『水道統計』、日本水道協会、2015
8）平成26年度版『水道統計』、日本水道協会、2016
9）丹保憲仁、竹村公太郎、『人と水』、北海道地域総合振興機構、2010

第4章

水道水ができるまで
—安全で安心な水を届ける—

第4章　水道水ができるまで
―安全で安心な水を届ける―

1　水道水源の種類

水道水源としては、**図4－1**に示すように、地表水、地下水や島しょ部では海水や鹹(かん)水などが用いられている[1]。

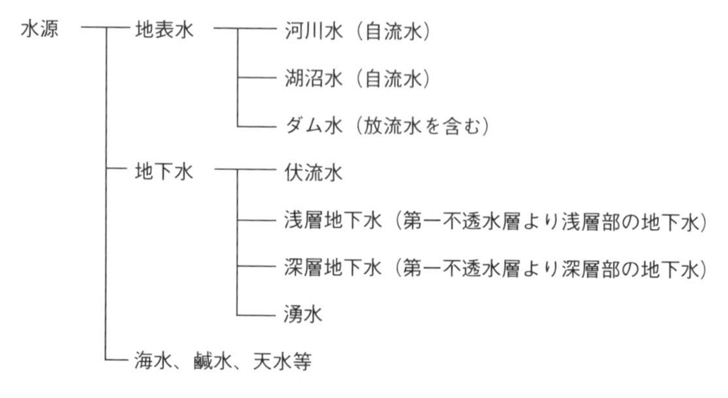

図4－1　水道水源の分類

これらの水源は、それぞれ水量、水質上の特性があるので、需要水量や水源水質の特性に応じた取水施設や浄水施設を整備するとともに、運転管理し

1.『水道施設設計指針2012』、日本水道協会、2012

なければならない。

地表水、特に河川水は降水の影響を強く受ける。そこで、水道原水を取水しようと計画している地点上流部での河川流量観測地点の最近10年程度の水文資料である流量、水位等を収集する。特に流量については、**図４－２**に示すような流量の非超過確率分布図を作成し、取水地点での流量特性を把握する。水道原水を取水するようになってからも、水利権の更新や河川流量の経年変化などを把握するため、流量データをもとに流量特性を把握しておかなければならない。流量は降水特性の影響を受けるので、降水量についても流量と同じように降水データの統計学的な解析を行わなければならない。

①洪水流量、洪水位

各年の最大流量、水位

②豊水流量、豊水位

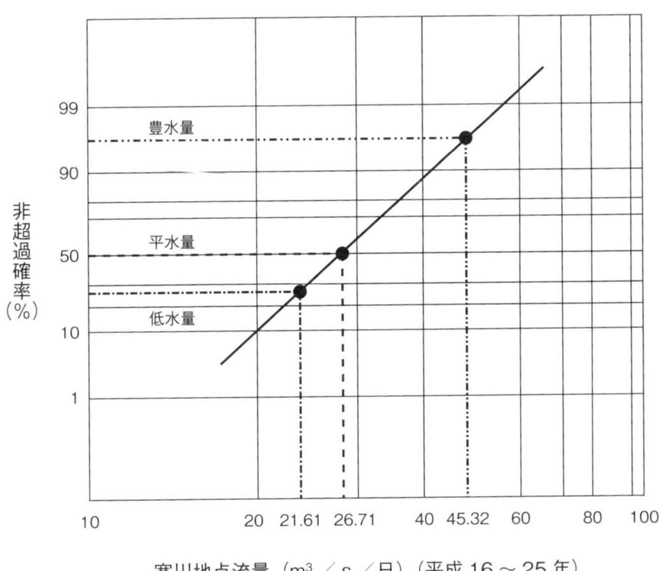

出典：神奈川県企業庁企業局データ

図４－２　非超過確率分布　寒川基準点

１年を通じて95日はこれを下回らない流量、水位
③平水流量、平水位
１年を通じて185日はこれを下回らない流量、水位
④低水流量、低水位
１年を通じて275日はこれを下回らない流量、水位
⑤渇水流量、渇水位
１年を通じて355日はこれを下回らない流量、水位
⑥既往最大洪水流量、既往最大洪水位
既往の最大流量、水位
⑦既往最大渇水流量、既往最大渇水位
既往の最大渇水流量、水位（取水施設の設計取水位を決める際の基準）
⑧基準渇水水量、基準渇水位
水利使用許可、河川総合開発計画などにおいて基準とされる渇水水量、水位
⑨計画高水流量、計画高水位
治水計画において対象となる洪水の流量、水位

河川の流量は１年を通じて変動が大きく、安定的な水利用を可能にするために、わが国では、ダム建設を行うなどの水資源開発を行ってきた。しかし、近年、渇水が頻発し水資源開発施設が水量を安定して供給できないことが起きている。渇水が起きた際には、取水制限が行われるが、より厳しい濁水時には給水制限や応急給水などが行われることがある。

水源域の安定した流量の確保のため、水源涵養林を保全する自治体もある。水源涵養林は、雨水の直接流出を抑制したり、良質な地下水を涵養し、土砂の流出や渇水を防ぐ機能を持っている。しかし、人工林は植林後の手入れが不十分だと保水能力が低下するため、下草刈り、枝打ち、間伐など、森林の保護育成作業を行うなどの保全活動が必要となる。

近年、複数の水道事業者が共同で水源を管理する例もある。2015年４月には、神奈川県、横浜市、川崎市、横須賀市及び神奈川県内広域水道企業団の

5水道事業者が広域水質管理センターを開設し、それぞれ実施してきた水源域の水質検査業務を効率化し、水質汚染事故に対する監視体制を強化した[2]。

河川水の水質は気象条件、地質などの自然的要因により変化するほか、工事、工場排水、都市下水、家庭排水、畜産排水、農薬・肥料などの影響を受け、常に変化しており、その変動特性を把握しておかなければならない。

河川水は、降水が地表流出する過程で表土も流出するので、降雨強度や降雨量により河川水の濁度が変化する。そのため、河川流量と濁度の関係について調査しておき、その経年変化についても把握しておく必要がある。また、取水地点の上流部で河川改修や砂利採取の際の排水処理施設の故障により濁度上昇が起こる場合があるので、あらかじめ確認しておくことが望ましい。

上流域に人口密集地、し尿処理場（畜産施設の処理場を含む）などがあるとそれらの排水の影響でアンモニア態窒素、陰イオン界面活性剤、塩素要求量、トリハロメタン生成能などの濃度が高くなり、クリプトスポリジウムなどの病原性原虫による汚染の恐れもある。また、鉱工業排水が流入する場合は、水銀、カドミウムなどの有害金属類、フェノール類などの異臭味物質、トリクロロエチレンなどの有機化学物質が混入する恐れがあり、油の流出による水質事故もよく起こる。ゴルフ場や農地がある場合、農薬や肥料成分が混入する恐れもある。

クリプトスポリジウムは、胞子虫類に属する原虫であり、人に感染し下痢や腹痛、痙攣様腹痛などの症状を引き起こす。原水の主な汚染源はクリプトスポリジウムに感染した人や家畜の糞便などである。クリプトスポリジウムは塩素に対して高い抵抗性を有し、通常の塩素消毒では不活化できない。このため、塩素処理を行っていても浄水処理で十分に除去できていなければ集団感染を起こす可能性がある。

日本では、1996年に埼玉県越生町の水道で集団感染した事例があり、この事例を発端として、厚生労働省が2007年に「水道におけるクリプトスポリジウム等対策指針」を定めた。この対策指針では、ろ過池等の出口の濁度を0.1度以下に維持することなどの対策、措置が定められている。水源がクリプト

2．横浜市水道局ホームページ、「横浜市の水源」紹介ページ

スポリジウムなどによる汚染のおそれがある場合には、適切な措置、運転管理を行う必要がある。

消毒の際、水中の有機物と塩素が反応して生成する物質を消毒副生成物といい、トリハロメタンなど、有機塩素化合物がその代表例である。トリハロメタンの中には発がん性物質もある。

塩素と反応する有機物質のうち、分子量の大きなものは、凝集沈でんにより除去することができる。そのため、凝集沈でん処理により有機物質を減少させた後、ろ過池の前で塩素を注入する中塩素処理を行うことでトリハロメタンの生成量を抑制している例もある。

河川下流部で取水する場合に、海水遡上の影響を受けると塩分濃度が高くなるばかりでなく、海水中の臭素イオン濃度が高くなり、臭素系ハロゲン有機物質生成能も高くなる。なお、積雪地域では融雪にともない、長期間にわたり低水温、高濁度が持続し、アルカリ度が低下することもある。

湖沼・貯水池の水質は、濁度が低く、水質変動も少ないことから、一般的に水道原水に適している。しかし、集水区域の人為活動の影響で窒素、りんが流入し、湖沼水が富栄養化し、植物プランクトンが大量に増殖し、有機物濃度が高くなるなどの水質障害が発生する。

富栄養化した湖沼・ダム水を水道水源として利用すると、(1)プランクトンなどによるろ過池の閉塞、(2)アンモニア態窒素による塩素要求量の増加、(3)凝集沈でん処理への障害、(4)プランクトンなどの繁殖による臭味の発生、(5)底質からの鉄、マンガンの溶出に起因する赤水などの障害が生じる。

藻類由来の有機物、藻類の炭酸同化作用による原水pHの上昇、運動性のある藻類などにより、凝集沈でんが適切に行われなくなり、沈でん処理水の濁度の上昇や、沈でん処理水への凝集剤が残留し、沈でん池への負荷が増加する。その結果、ろ過池で、ろ層に抑留される懸濁物質、藻類が増加する。そのため、ろ過池での損失水頭が急激に上昇し、すなわちろ過閉塞が進み、ろ過池洗浄回数が増加し、処理水量の減少や排水処理施設への負担を増大させる。特に原水中にオーラコセイラやシネドラなどの珪藻類が発生した場合にろ過池閉塞が起きやすい。

ろ過池に流入する藻類の細胞が小さな場合や、運動性のある場合には藻類がろ過水へ漏出する。特に藍藻類のミクロキスティス､珪藻類のキクロテラ、緑藻類のジクチオスフェリウムなどが漏出しやすい。

藻類には、かび臭、生ぐさ臭を呈する有機物を生産するものがある。かび臭の原因物質はジェオスミンと２－メチルイソボルネオール（２MIB）があり、これらを除去するためにオゾン酸化処理、活性炭処理など高度処理による設備を設けている浄水場がある。

深い湖沼や貯水池では、季節的な水温成層現象が生じ、深度によって水質が著しく変化することがある（**図４－３**）。夏には、水温が表層で高く、底層になるほど低くなって鉛直方向に密度差が生じ、水温成層（正列成層）を形成して、上下各層の水が混合しないで安定した状態になる。その際、底層に水温が急激に低下する層（水温躍層）が形成され、この層を境に水質や生物相が著しく異なるようになる。この時期、底層は、表層から酸素が供給されないため、細菌による有機物の分解作用で酸素が消費されることで溶存酸素が減少する。特に富栄養化している湖沼や貯水池では、沈積した有機物の分解が進むので、底層水の溶存酸素が消費され、無酸素状態になる。そのため底質から鉄、マンガン、アンモニア態窒素、りん酸態りんなどが溶出することがある。冬には、表層の水温が４℃以下になると、上層の冷たい水から

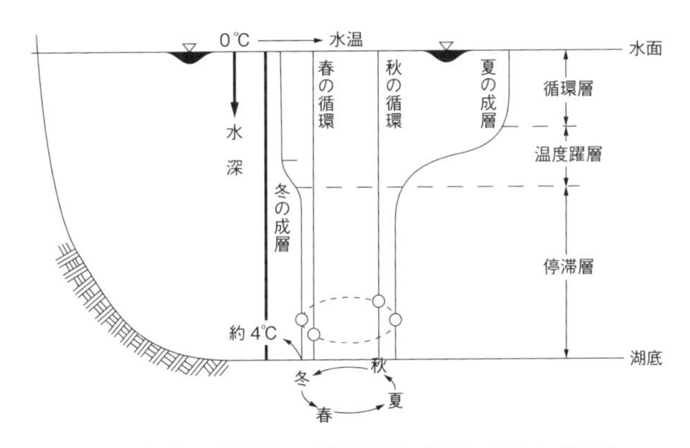

出典：丹保憲仁、小笠原紘一、『浄水技術』、技報堂、1985（一部改変）

図４－３　湖沼・貯水池における四季の温度分布

順に下層になるほど水温が高くなって4℃に近づき、鉛直方向に密度差が生じ、水温成層（逆列成層）を形成し、上下各層が混合しないで安定した状態になる。なお、水深の浅い湖沼やダムの場合には、風の影響により水がかくはんされて、水温成層が形成されにくい。

春・秋の循環期には、上下層が混合することで、停滞期に底層に存在していた栄養塩類などが表層に上昇する。栄養塩が増加、光合成が盛んになり、藻類が大量増殖し、臭味なども発生する。特に、かび臭などの異臭味障害は全国各地で発生している。2014年に、米国でミクロキスティスなどの藻類の異常発生により、水道水が飲用禁止となるなどの問題も発生している。また、富栄養化に伴い、植物プランクトン類の増殖が活発になると、日中と夜間のpH差が大きくなり、浄水処理に支障を来たすこともある。

湖沼や貯水池における水質保全対策として、湖沼水を混合かくはんして水温成層を破壊し、藻類の増殖防止と底層水の水質改善を行う、全層曝気循環法（間欠式空気揚水筒、散気管式エアレーション装置など）がある。その際、底層の水が混ざることで水温が低下し、下流域の稲作や漁業へ影響を与える可能性もあるので注意が必要である。また、水温の低い底層の水が混ざらないように底層部に酸素を供給し、底層部の水質を改善する深層曝気循環法（微細発泡発生装置など）がある。

地下水は、地層水と破か水の２つの形態で存在する（**図４−４**）。水で飽和されている間隙が土粒子の間隙である場合を地層水、その間隙が岩石の割れ目、裂け目及び空隙などである場合を破か水と言う。

地層水は、不圧地下水と被圧地下水にわけられる。不圧地下水は、自由面地下水があり、地下の最浅部にある砂礫層に含まれている地下水で、降水量の変動により水位が上下し、水量も増減する。また、地上からの汚染を受けやすい。不圧地下水を取水する井戸を浅井戸という。被圧地下水は、帯水層が難透水性の地層により挟まれているため圧力を有している。被圧地下水は主に砂礫のような空隙を持つ地層中にあり、水温は年間を通してほぼ一定であり、水質は一般に良好である。被圧地下水を取水する井戸を深井戸という。

伏流水は、河川水や湖沼水が河床または湖沼床またはその付近に潜流して

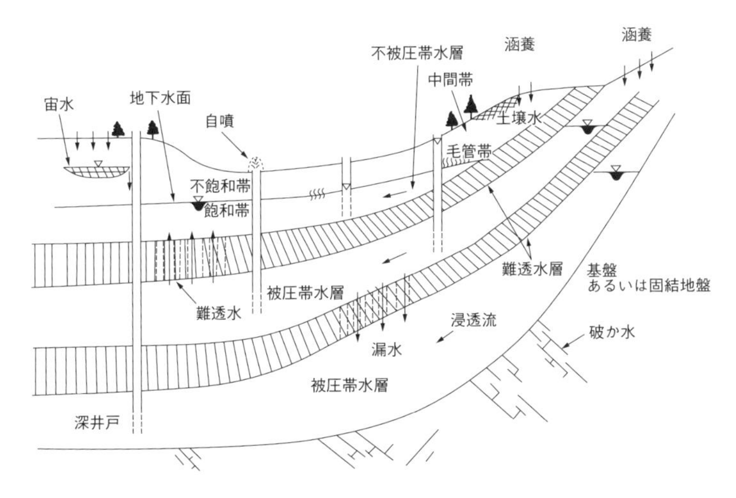

（注）飽和帯：空隙が水で飽和されていて、その上面は地下水面を形成している地層をいう。
割れ目水：き裂や間隙に富む堆積岩や火成岩、石灰岩などに含まれる地下水をいう。
出典：改訂地下水ハンドブック編集委員会、『改訂地下水ハンドブック』、建設産業調査会。（一部改変）

図４－４　帯水層の形態

いる不圧地下水の一種である。一般に地表水より濁度が低く、水温も比較的安定している。しかし、地表水の影響を受けやすく、河川水の濁りの影響を受けることがある。また、河床の生物が侵入することがある。伏流水の取水施設として、集水埋きょ、浅井戸などが用いられる。

地下水は、年間を通して水温の変動が小さく、濁度も低い。地表水と比べると汚染の機会が少ないが、一度汚染すると、長期間にわたりその影響が続くことが多い。地質及び環境により溶解性成分や地下に生息する生物などを含み、その水質の把握が必要である。カルシウムやマグネシウムなどの重炭酸塩、塩化物や硫酸塩、また、鉄やマンガンを溶解している場合が多い。また、ヒ素やフッ素など有害物質を含む地下水もある。また、菌（バクテリア）や硫黄細菌を検出することがある。

農耕地などで用いられた施肥などに含まれる窒素成分が、地下滞水層に到達する過程で、地下水中の有機系窒素は分解されてアンモニア態窒素となり、さらに亜硝酸態窒素、硝酸態窒素へ酸化される。亜硝酸態窒素、硝酸態窒素は、乳幼児に健康上の影響を及ぼすので注意しなければならない。有機物中の炭素は、分解して二酸化炭素となり、一部は溶存し、ほかは炭酸水素塩または遊離炭酸を形成している。

不圧地下水は、地表水の影響を受けやすく、周囲に畜産農場がある場合、家畜の糞尿などの影響を受け、クリプトスポリジウムなどの耐塩素性病原生物などを検出することもある。また、ヨコエビ、ミズムシ、ケンミジンコなど、肉眼でも見られるような小さな地下水性動物が生息することがある。

被圧地下水は、地表水の影響を受けにくい。また、アルカリ度、硬度が高く、pH値7.0以上のものが多い。硫化水素を含む場合は、硫黄細菌が繁殖することがある。その場合、スクリーンや管を閉塞し、鉄管を腐食させるほか、異臭味を伴うことがある。

地下水を水源とするためには、地下水賦存量の調査を行う必要がある。水文地質調査として地表地質調査、電気探査、弾性波探査、ボーリング調査、電気検層などがあり、これらの調査により、地質構造、地層の界面、透水性の良否などを把握し、おおよその地下水賦存量を確認する。

地下水の取水地点には、付近の汚染源の地下浸透による影響を受けない場所を選定する。特に、不圧地下水は、地表からの影響を受けやすいので、注意が必要である。

沿岸部では海水の影響を受けない地点を選定する。海岸付近の地下水は、陸から海に向かって流出する淡水層と、海から地中に侵入する塩水層が密度の関係で、**図4－5**のように釣り合っている。いったん海水が浸入すると、水質が数年間も回復しないことがある。また、過去の津波被害を考慮し、津波の影響を受けない場所を選定する。地下水管理の際には、水質試験や水位計、流量計などの記録を取り、水量減や水質変化などを把握する。

地下水の揚水量については、涵養量を上回る取水により地下水位が低下し、地盤沈下などを引き起こすことがあるので、地下水の水収支を考慮する必要がある。そのため、地下水揚水量と地盤沈下との因果関係を科学的に解析して適正な取水量を決定し、管理をすることが重要である。地下水は、一般に涵養速度が極めて遅いので、過剰に汲み上げると地下水の水収支が崩れ地盤

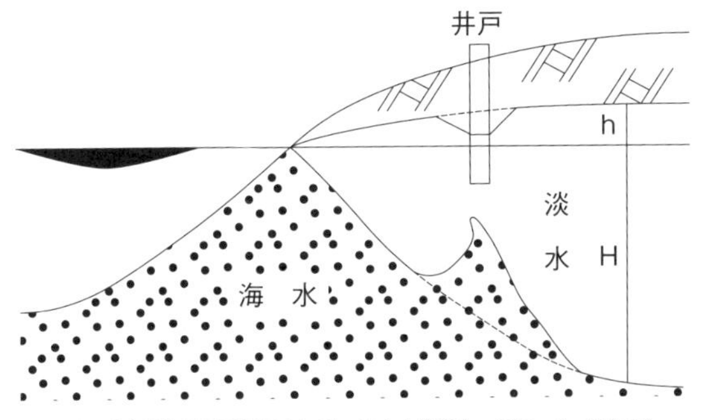

出典：『水道施設設計指針 2012』、日本水道協会、2012。（一部改変）

図４－５　淡水と海水の平衡図

沈下を引き起こし、海岸部では地下水の塩水化などを引き起こすため、常に適正な揚水量の範囲で取水を行うことが必要である。

近年、水道事業者の給水区域内において、大規模店舗やホテルなどが、専用水道を設置する事例が増えてきている。その多くは、水道事業者からの水道水と膜処理などによる地下水を混合して給水するもので、水質面・衛生面での課題や、水道水と膜処理による地下水が合流入する給水設備の構造・材質などの課題もある。

河川水やダム水などの地表水や地下水などの水源が不足している一部の地域では、海水淡水化施設を導入している。海水淡水化方式は、蒸発法、電気透析法、逆浸透法の３方式がある。蒸発法が最も早くから実用化され、電気透析法が鹹水淡水化用に開発されてきた。近年は、エネルギー消費量が少なく運転・維持管理が容易な逆浸透法が多く採用されている。海水淡水化施設には、天候に左右されず、安定した水源として水量が確保でき、建設が長期化傾向にあるダム開発に比べ短期間での完成が可能であるなどの利益もあるが、省エネルギーや濃縮海水の放流による生態系への影響など、環境への配慮もしておかなければならない。

2　浄水技術

4.2.1　浄水場の役割

安全で安心な水道水を供給するため、水源から取水した原水を水道水質基準に適合するようにしなければならない。水道原水が水質基準を満たしていれば、塩素消毒のみで給水することができるが、そのような水質の原水量は少ないため、簡易水道のような小規模水道を除いて、一般的には原水の水質を変化させるための処理が必要となる。このことを浄水処理といい、浄水場はこの浄水処理を行う施設である。浄水場では、個別の操作（単位プロセスという）を行う施設や設備が組み合わされて一連の施設（浄水処理システム）を構成している。

浄水処理システムがどのような単位プロセスで構成されているかは、原水中に含まれる不純物をどの程度処理しなければならないか、また不純物の組み合わせによって異なっている。

原水中にはさまざまな種類の不純物が含まれているが、その存在状態によって、溶解性物質と懸濁物質に分けられる。通常、0.45 μm 孔径のメンブレンフィルターでろ過したとき通過する成分を溶解性物質、フィルターの上に残る成分を懸濁物質という。懸濁物質は、一般に濁度成分といわれる物質にほぼ対応するもので、砂粒子、粘土、シルトなどの濁度成分、藻類や原生動物などの微生物など、無機・有機の諸成分からなる。

溶解性物質は、鉄、マンガンやアンモニア、異臭味、色度、農薬などの無機、有機のものがある。溶解性物質の中でも比較的寸法の大きい不純物はコロイド成分と呼ばれ、ほとんど沈降せず水中に安定して存在している。

浄水場は、このような原水中の不純物を除去するため、除去対象物質に合わせて、沈でんやろ過などの単位プロセスを組み合わせ、システムとして運転している。対象とする不純物の大きさに対応するプロセスの概要を**図4−6**

に示す。浄水処理で用いられている単位プロセスは、以下のようなものがある。

固液分離プロセスとは、沈でん、ろ過、スクリーンやストレーナーによるふるい分けなど、重力などの物理的な力を利用して水中に懸濁する固体成分を水と分離する単位プロセスである。成長プロセスは固液分離を促進するための凝集、フロック形成などにより溶解性成分を不溶化したり、コロイド成分や懸濁成分の寸法を大きくしたりする単位プロセスである。

相間移動プロセスとは液体と固体間や液体間の移動により不純物を分離する単位プロセスであり、活性炭吸着など水中の溶解成分を固体表面に付着させ取り除くもの（液固体間）、逆浸透のように水は通すが溶質は通さない半透膜を用い不純物を含まない水を得るものなど（液体間）がある。

不活性化プロセスとは加熱（煮沸）、紫外線、酸化剤などを用いて細菌などを殺菌（消毒）し、無害化するなどの単位プロセスであり、水中に不活化された細菌は残存する。

浄水場では、各種単位プロセスを組み合わせ、浄水処理を行っている。処理方法は、原水水質の状況を勘案し適切な方法が採られており、必要に応じ

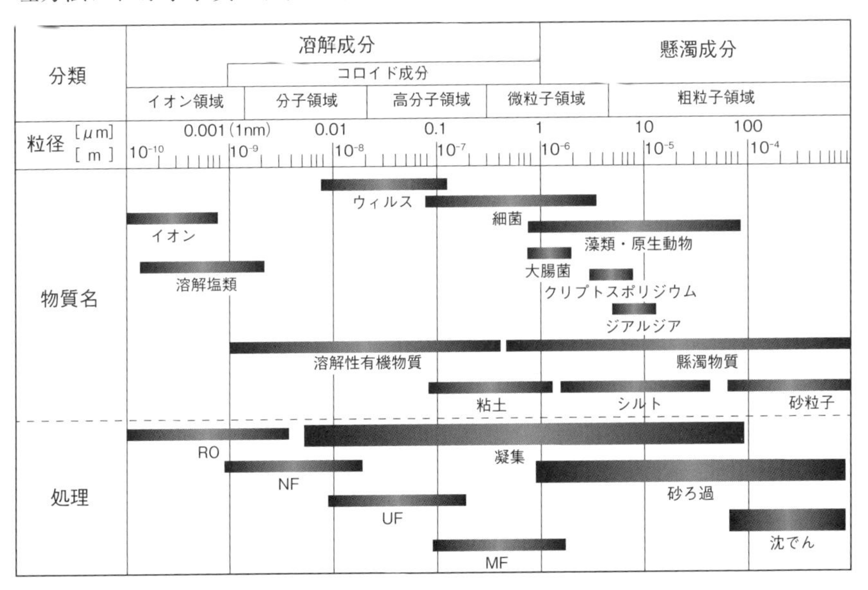

図４－６　除去対象物質とプロセスの種類

て高度浄水処理や鉄、マンガン除去などの処理が組み合わされる。一般に行われている浄水処理方法の概要を次に示す。

原水水質が良質な場合、消毒のみ行われる。良質な地下水などに適用される方法で、基本施設は塩素注入井のみである。原水が清浄であっても、塩素消毒で不活化されないクリプトスポリジウムなど微生物に汚染されている恐れがある場合は採用できない。

緩速ろ過処理は、沈でん池と緩速ろ過池を主体として構成され、比較的清浄な水源からの原水に適している（濁度がおおむね10度以下）。４～５ｍ／日程度のろ過速度で砂層によりろ過する方式。砂層と砂層表面に繁殖した微生物群によって水中の不純物を除去し、生物的酸化分解を行う。不溶解性物質のほか、溶解性物質も除去できる。

急速ろ過処理は、凝集剤を注入して原水中の粘土質、細菌、藻類などの懸濁物質をあらかじめ凝集してフロックとし、沈でん池で沈降分離した後、急速ろ過池でろ過するもので、高濁度原水にも対応できるが、溶解性物質の除去能力は低い。急速ろ過池は、緩速ろ過池よりも粗いろ過砂を用い、120～150ｍ／日のろ過速度で運転されることが多い。

膜ろ過処理は、化学反応も相変化も伴わず、圧力差によって膜に水を通し、主に懸濁物質やコロイドを物理的に分離し除去する。原水に夾雑物、色度などの物質が多く含まれる場合は、スクリーンなどの設置、凝集処理などの前処理が行われる。

高度浄水処理は不溶解性成分の除去を主とする通常の浄水処理方法では、溶解性成分は十分除去できないため、原水中に異臭味を与える物質やトリハロメタンなどの消毒副生成物前駆物質、色度、アンモニア態窒素などが含まれている場合に、活性炭処理、オゾン処理、生物処理、エアレーションなどの処理を単独または組み合わせて行う。また、鉄・マンガン、フッ素、アンモニア態窒素、硝酸態窒素、硬度などを多く含んでいる場合に、物質に合わせた処理を行う場合がある。

浄水処理方式の選定に当たっては、原水水質、処理目標水質を踏まえ、対応できる処理方法を選定する。基本的には、不溶解性成分除去の単位プロセ

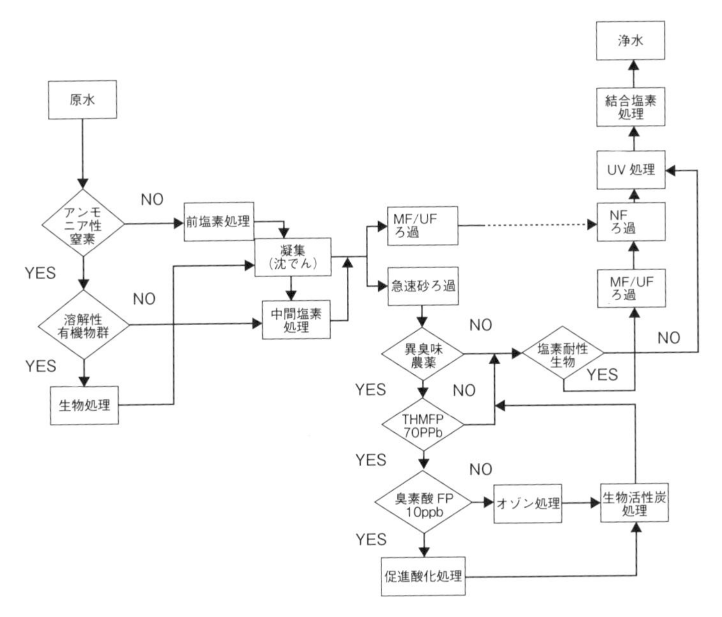

出典：『環境工学の新世紀』、技報堂出版、2008

図4－7　浄水処理システム選定手順の例

スに加え、必要な溶解性成分除去の単位プロセスを組み合わせて浄水処理システムを構成する。また、そのほかにイニシャルコスト、ランニングコスト、設置スペース、維持管理性などを考慮し選定する。

原水水質については、不溶解成分として濁度、藻類、病原微生物などを、溶解性成分としては、TOC、トリハロメタン生成能などの有機物、異臭味、鉄、マンガン、アンモニア態窒素、pH、色度、農薬、硝酸態窒素、亜硝酸態窒素、重金属などを把握し、処理目標水質を達成できる処理システムとする。浄水処理システムの選定手順の例を**図4－7**に示す。

4.2.2　凝集・フロック形成と沈でん

水中に浮遊している微粒子の径が10^{-5}m程度までのものは、重力による普通沈でんによって除去することが可能であるが、10^{-6}m以下の原水中のコロイド成分は通常マイナスの電荷を帯びており、粒子はお互いに反発し合って水中で安定した分散状態にあり、自然沈降によって除去することが困難である（**図４－８**）。このため、凝集剤を加えプラスに帯電した水酸化物によりコロイド粒子表面の電荷を中和して凝集させる。浄水処理ではアルミニウム系凝集剤や鉄系凝集剤が使用されており、硫酸アルミニウムやポリ塩化アルミニウム（PAC）などが使用されている。凝集剤は水中で加水分解して分子量の大きな、プラスに帯電した水酸化物になる。このプラスに帯電した水酸化物とマイナスに帯電した微粒子を混和させ電気的に中和させると微粒子相互の反発力がなくなって、接触し結合するようになり、マイクロフロック化する。

電気的に中和したマイクロフロックは沈でん池で除去できるよう、さらに大きな塊に成長させることが必要である。これをフロック形成という。粒子相互の結合は凝集剤の持つ架橋作用によって進められる。凝集剤は荷電中和とともに、この架橋作用も持っている。また、凝集・フロック形成の沈降分離性やろ過池での捕捉性を向上させるため、凝集剤と併用して凝集補助剤を使うことがある。凝集補助剤には、フロック形成を補助、促進するための活性ケイ酸、アルギン酸ソーダ、高分子凝集剤などのフロック形成助剤がある。また、原水の水質状況によって、最適凝集領域にpHを調整し凝集効果を高めるため、酸剤やアルカリ剤を注入することがある。そのほか、アルミニウム濃度は水温とpHの影響を受けるため、アルミニウム濃度低減のためにpHを調整することもある。

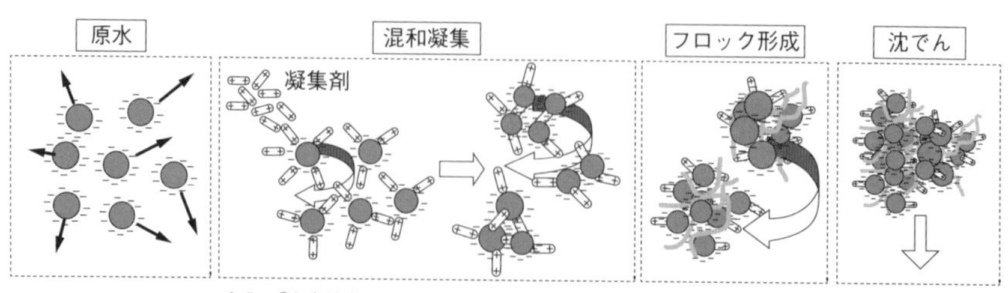

出典：『浄水技術ガイドライン 2010』、水道技術研究センター、2010

図４－８　凝集・フロック形成の模式図

急速ろ過方式では、凝集操作によってコロイド状の濁質成分をフロック化し、薬品沈でんや急速ろ過の機構で捕捉分離できるよう濁質の性状を変えることが大変重要である。凝集では、アルミニウム系凝集剤が一般的に使用されている（**表４－１**）。アルミニウムは強酸性状態では３価のイオン（Al^{3+}）であるが、pHが高くなり弱酸性域になると水酸イオンと結合して多価の正電荷のポリマーイオン（たとえば$Al_8(OH)_{20}^{4+}$）となる。さらに、pHが中性付近になると電気的に中性である$Al(OH)_3$のような不溶化した水酸化アルミニウムになってくる。また、pHがアルカリ性側まで高くなると$Al(OH)_4^-$のように負荷電になってしまい中和する能力がなくなって、凝集することができなくなってしまう。

このように、アルミニウムはpHによって性質が変わり、正荷電による荷電中和の作用と不溶性アルミニウムによる架橋作用により、pH７付近で最も良好なフロックが形成される。

実際にどれだけの薬品をどのpH領域で加えればよいか、といったことを決めるため、ジャーテストが行われる（**図４－９**）。ジャーテストは、処理しようとする原水に対して、pHや凝集剤の注入量を数段階に変えて実際の凝集・沈でん動作を模した処理の試験を行い、上澄み水の濁度や処理対象物質などを測定するもので、その結果から最適の凝集剤注入量やpHなどの凝集条件を決定するものである。

表４－１　アルミニウム系凝集剤の例

	水道用固形硫酸アルミニウム	水道用液体硫酸アルミニウム	水道用ポリ塩化アルミニウム（パック）
	$Al_2(SO_4)_3 \cdot 18H_2O$	$Al_2(SO_4)_3$溶液	$[Al_2(OH)_mCl_{6-m}]_n$　m＝２～４
規格	JIS K1450-1966		JIS K1475-1996
性状	酸化アルミニウム（Al_2O_3）15wt％以上	酸化アルミニウム（Al_2O_3）８～8.2wt％	酸化アルミニウム（Al_2O_3）10～11wt％
効果・留意点	溶解濃度は５～10w/v％以上		硫酸アルミニウムに比べて凝集領域がpH６～９と広い。低水温（10℃以下）低アルカリ度（20mg/L以下）でも凝集効果の低下がほとんどない。希釈すると加水分解が促進する。
	水温10℃前後を境にフロックの形成が著しく悪くなる。硫酸アルミニウムはpHを低下させる効果がある。		
凝集剤１mg/L注入によるアルカリ度の増減			
	固形15％：−0.45mg/L	液体８％：−0.24mg/L	Al_2O_3 10％　塩基度50％：−0.15mg/L

出典：『浄水技術ガイドライン 2010』、水道技術研究センター、2010

図4－9　ジャーテスト

水よりも重い粒子は、静かな流れの中では沈降して水と分離する。このことを利用して、水の中の不純物を取り除くのが沈でんである。懸濁物質やフロックの大部分は重力による沈降で沈でんさせて除去し、後続のろ過施設にかかる負担を軽減させる。浄水場において最も重要な処理過程であり、凝集・フロック形成、沈でんが適切に行われるかどうかが、浄水処理施設の機能に大きく影響する。

小さな粒子は沈でんで除去することが難しいため、微粒子を凝集、フロック形成し、沈でん施設（沈でん池という。）で沈降するようにしている。沈降速度は、粒子の大きさ、密度、形状、水の温度（粘性）などからなるストークスの式によってあたえられる。

$$W=\frac{1}{18}\cdot g\cdot\frac{\rho_s-\rho}{\mu}\cdot d^2$$

W：粒子の沈降速度（cm／sec）

ρ_s：粒子の密度（g／cm^3）

ρ：水の密度（g／cm^3）

μ：水の粘性係数（g／cm・sec）

d：粒子の直径（cm）

g：重力加速（cm／sec^2）＝980cm／sec^2

この式から分かるように、沈降速度は粒子の直径の２乗に比例して大きくなるので、径が大きくなるほど速く沈降する。しかし、実際のフロックは大きくなるとフロックに含まれる水の割合も大きくなり、密度は小さくなる。フロック密度は以下の式で表される。

$$\rho_s-\rho=1/d^{K\rho}$$

水処理の場合、K_{ρ}は一般に1.2から1.5の値をとる。これをストークスの式に代入して定数などを省略して表すと、沈降速度は$d^{2} \times (1／d^{1.5}) = d^{0.5}$となり、実際のフロックでは沈降速度は直径の0.5乗に比例して大きくなる。

沈でん池の除去効率を考える場合の指標となるものに表面負荷率がある。表面負荷率V_0は、沈でん池に流入する流量をQ、沈でん池の沈降面積をAとすると以下の式で表される。

$$V_0 = Q／A$$

表面負荷率は、**図４－10**に示すように、理想的沈でん池の上端から流入

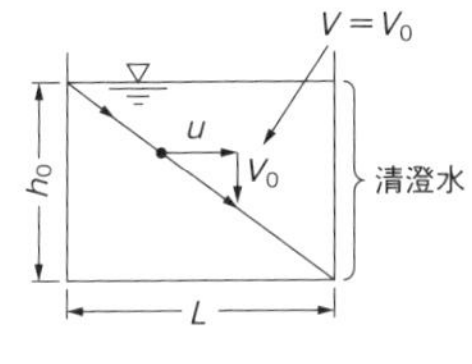

（1）粒子の沈降速度 $V = V_0$

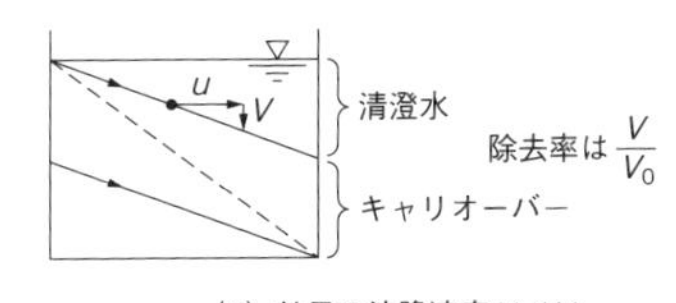

（2）粒子の沈降速度 $V < V_0$

出典：『水道施設設計指針 2012』、日本水道協会、2012

図４－10　横流式沈でん池（理想的沈でん池）

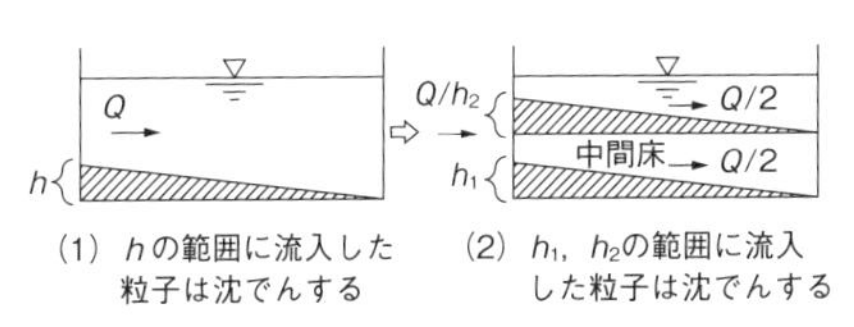

（1）hの範囲に流入した粒子は沈でんする　（2）h_1，h_2の範囲に流入した粒子は沈でんする

出典：『水道施設設計指針 2012』、日本水道協会、2012

図４－11　２階層の効果

した粒子がちょうど沈でん池の出口で池底に沈でんする沈降速度を意味している。表面負荷率V_0より小さな沈降速度Vの粒子の除去率はV/V_0となり、沈降速度がV_0より大きい場合は、100%除去される。この表面負荷率には池の深さの項が入っておらず、理論的な除去率に池の深さは関係ないことが分かる。除去率を向上させるには、①池の沈降面積Aを大きくする②フロックの沈降速度Vを大きくする③流量Qを小さくするの3つの方法が考えられる。

池の沈降面積Aを大きくするには、**図4−11**に示すように中間床を入れるとよい。この考え方にもとづきさらに細かくしていったものが傾斜板沈降装置であり、沈でん効率が大きく改善されている（**図4−12**）。

出典：『水道施設設計指針 2012』、日本水道協会、2012

図4−12　傾斜板沈降装置

4.2.3　急速ろ過・緩速ろ過

急速ろ過法は、懸濁物質を薬品によって凝集させフロック状態にしてから、120〜150m／日くらいの速さでろ過する浄水方法である。急速ろ過法は砂粒子表面に抑留した微小フロックの厚さが増すことで、砂粒子の間隙が狭くなり、ろ層を通過する水流の損失水頭が過大となり、ろ過が打ち切られるというサイクルになる（**図４－13**）。従って、凝集沈でん処理を行い濁質の大部分を取り除いておくことが必要で、凝集・フロック形成・沈でん・急速ろ過という浄水処理システムの最終プロセスとして機能するものである。

急速ろ過法では、粘土質、細菌、プランクトンや藻類、浮遊性有機物、金属酸化物の懸濁物質も除去可能であり、また、フミン質などの色度成分も緩速ろ過法に比べ除去することができる。しかし、アンモニア態窒素、陰イオン界面活性剤、臭気物質など、水に溶解している物質に対してはほとんど除去能力を持っていない。これらを含む原水を処理するためには、前塩素処理や活性炭吸着などの単位プロセスを付加する必要がある。

急速ろ過池では、ろ過砂層の間隙の大きさが0.1ｍｍのオーダーであるのに対して、除去される懸濁物質の粒子の大きさは0.01ｍｍ程度であり、ろ過が小さな目で粗い大きな粒子をこして除去するというものではない。ろ材の目より小さい物質をろ材の間隙にとどめるためには、まず、粒子がろ材表面まで輸送され、次に輸送された粒子がろ材表面に付着して捕捉されるということになる。そのため、急速ろ過のろ層で付着、ふるい分けされやすい状態のフロックになっている必要があり、前処理としての凝集は必ず必要である。

懸濁粒子はろ材表面に付着し捕捉されるが、濁質の捕捉はろ過層表面から起こり、表面付近における損失水頭が高まってろ過を打ち切ることになる。そこで、ろ層全体を有効に使ってろ過損失水頭の上昇を抑え、ろ過継続時間を長くするために、上部を粗粒径、下部を細粒径にする多層構成のろ過層を採用することもある。具体的には、上層に密度が小さく粒径の大きいアンスラサイト、下層に珪砂を用いた二層構成のろ過池などが使われている。

ろ過を継続すると、懸濁物質がろ層に抑留され、ろ層での通水抵抗が次第に大きくなり、必要なろ過水量が得られなくなったり、ろ過水の水質が悪化したりする。このようにろ過損失水頭が限界値になるか、ろ過水水質が許容限度を超える前に砂層を洗浄し、ろ過能力を回復する。通常は、ろ過損失水頭が限界になる前に定期的に洗浄する。

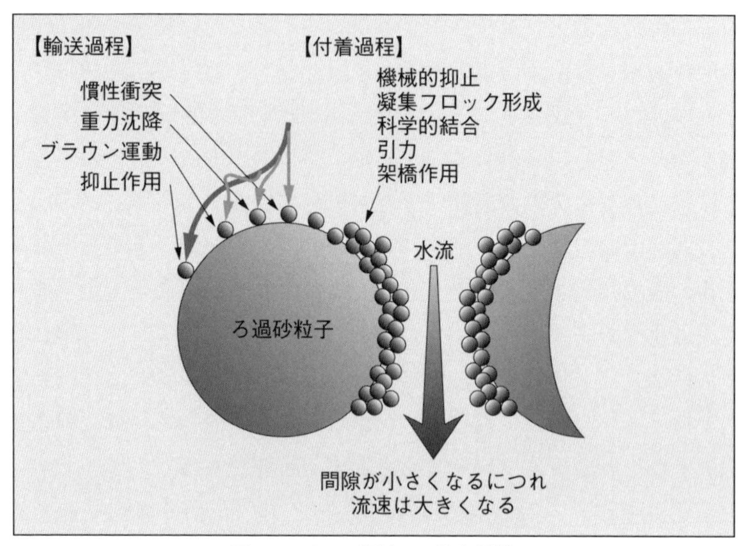

図4－13　ろ過池での抑留機構

洗浄はろ層表面の濁質を水流によるせん断力で破壊し（表面洗浄）、次いでろ層が流動状態になるまで（ろ層の膨張率が20～30％程度）ろ過方向と反対に水を流し、ろ材相互の衝突摩擦や水流によるせん断力で付着した濁質を剥離し洗い流す（逆流洗浄）。そのほか、ろ層下部から空気を吹き込んでろ材の濁質をはく離させる空気洗浄を行う方式もある。

緩速ろ過法は、厚さ70～90cmの砂層を４～５m／日の速度でゆっくり原水を通過させるろ過法で、薬品類は一切使用せず、自然の浄化能力を利用した方法である。ろ過は砂層表面の生物ろ過膜と、内部の砂粒子表面にできる寒天状の生物膜によって行われる。また、懸濁物質やアンモニア、異臭などの除去に対してもある程度除去可能であるが、フミン質などの色度成分の除去には有効ではない。緩速ろ過法では高濁水や藻類が非常に多い場合には、ろ層の目詰まりを起こし処理ができなくなる。ろ過池への流入水の濁度はおおむね10度以下とする必要がある。

この方法は、生物膜にろ過機能を依存しているため、ろ過継続に伴う損失水頭の上昇に対しては、定期的に砂層表面を薄く削り取り、生物膜を再生する必要がある。このように、緩速ろ過法は除去対象や、運転管理に制約があるが、良質な水を得ることができる方法である。一方で、ろ過速度が小さいため広大な面積が必要となり、また削り取り・補砂など砂層の管理などに労力を要することから、この方法を採用している施設は少なくなっている。

４.２.４　消毒

水道水は、病原生物に汚染されず衛生的に安全であることが極めて重要な要件である。通常の沈でん・ろ過では水中の病原生物を完全に除去することができないため、給水栓まで安全を確保する消毒が必要となる。浄水施設には、浄水方法の方式や施設規模の大小を問わず、必ず消毒設備を設けることが規定されている。

消毒方法として、塩素剤のほか、オゾンなどによるものもあるが、必ず塩素消毒されなければならないことが水道法第22条で義務づけられている。

「給水栓における水が、遊離残留塩素を0.1mg／L（結合残留塩素の場合は0.4mg／L）以上保持するように塩素消毒をすること。ただし、供給する水が病原生物に著しく汚染されるおそれがある場合または病原菌に汚染されたことを疑わせるような生物もしくは物質を多量に含むおそれがある場合の給水栓における水の遊離残留塩素は、0.2mg／L（結合残留塩素の場合は、1.5mg／L）以上とする」

塩素剤には、次亜塩素酸ナトリウム、液化塩素及び次亜塩素酸カルシウムがある。また、次亜塩素酸ナトリウムは、電解法により自家製造して使用する方法もある。

次亜塩素酸ナトリウムは、有効塩素濃度が12％以上の淡黄色液体で液化塩素に比べ取り扱いが容易である。水質基準項目である塩素酸を不純物として含み、次亜塩素酸が分解することによって塩素酸が生成されるため、管理に留意する必要がある。

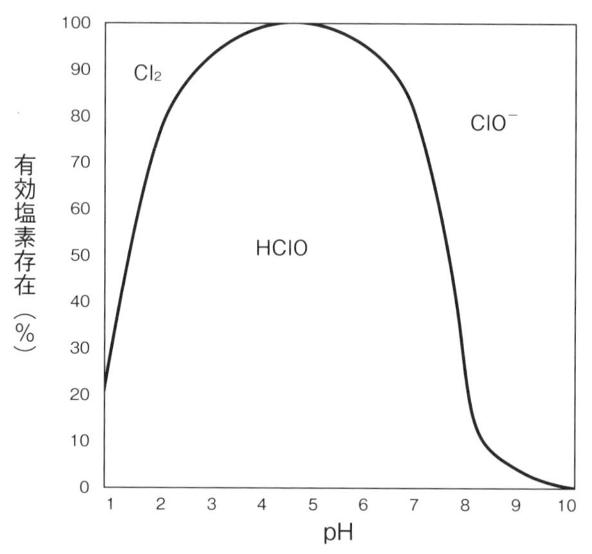

出典：『水道施設設計指針 2012』、日本水道協会、2012

図4－14　遊離有効塩素の存在比

液化塩素は、塩素ガスを液化し、100％有効塩素としたもので、毒性が強いため、法令を十分遵守し取り扱いに注意する必要がある（**図4－14**）。

次亜塩素酸カルシウムは、粉末、顆粒及び錠剤があり、有効塩素濃度60％以上の小規模施設向けの塩素剤である。

次亜塩素酸ナトリウムなどの塩素剤は、水中に注入した場合、次亜塩素酸（HClO）及び次亜塩素酸イオン（ClO^-）を生じる。これらは、遊離残留塩素と呼ばれ、細菌やウイルスなどの微生物の構造やDNAを損傷させ殺菌する。次亜塩素酸と次亜塩素酸イオンは殺菌力に差があり、次亜塩素酸の方が殺菌作用は強い。存在比は、pH値が低くなるほど次亜塩素酸の占める割合が高くなるので、pHが低いほど消毒効果が大きくなる。また、水中にアンモニア態窒素があると、塩素はこれと反応してクロラミン（モノクロラミン：NH_2Cl、ジクロラミン：$NHCl_2$、トリクロラミン：NCl_3）を生じる。モノクロラミン、ジクロラミンを結合塩素といい、結合残留塩素は遊離残留塩素より殺菌力が弱い。

各種の微生物を遊離残留塩素で消毒し、不活化させるための評価値は、遊離残留塩素濃度Ｃ（mg／L）と接触時間Ｔ（min）の積、CT値で表される。pH６～８ではCT値で２を確保できれば多くの細菌に対して有効である。しかし、耐塩素性病原生物のクリプトスポリジウムではCT値で7000以上とほとんど効果が期待できない。そのため、耐塩素性病原生物に対しては、適切な浄水処理により確実に除去することが必要となる。

塩素注入量の決定のため､塩素要求量と塩素消費量を考慮する必要がある。**図４－15**は塩素注入率と残留塩素濃度との関係を示したもので、水質によってⅠ、Ⅱ、Ⅲ型が生じる。Ⅰ型は有機物や被酸化物を全く含まない水で実際には存在しない。Ⅱ型は一定の塩素要求量をもっている水で、塩素注入率の増加に比例して遊離残留塩素が検出される場合である。Ⅲ型は水中にアンモニア態窒素を含む場合で、塩素を注入すると結合塩素を生じ、その濃度は塩素量に応じて次第に増加する。しかし、ある濃度に達すると、塩素の過剰によりクロラミンが分解するため、塩素注入率を増加させても残留塩素が減少する。さらに、塩素注入率を増やすと、再び遊離残留塩素が増加する。Ⅱ型

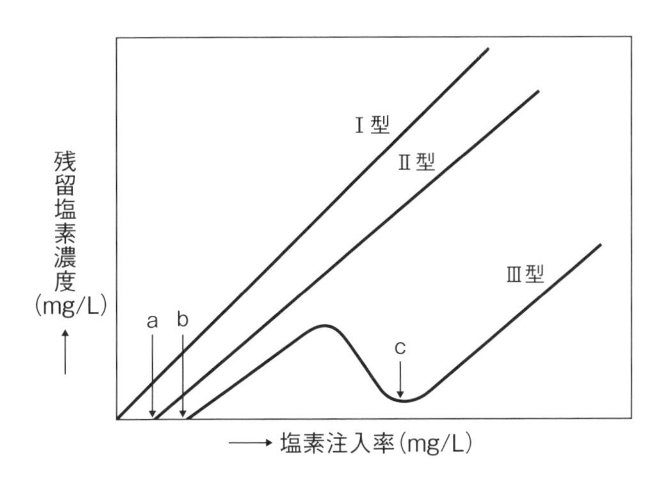

出典：『水道施設設計指針 2012』、日本水道協会、2012

図４－15　塩素注入率と残留塩素濃度との関係

ではａ点までの塩素注入率が塩素要求量であり、塩素消費量でもある。Ⅲ型ではｂ点までの塩素注入率が塩素消費量、ｃ点までの塩素注入率が塩素要求量である。原水にアンモニア態窒素が存在する場合、遊離残留塩素によって消毒を行うには、Ⅲ型のｃ点（不連続点という）を超えて遊離残留塩素を検出するように塩素を注入する必要がある。

浄水処理に使用する薬品については、随時注入でき、また危機管理上からもある程度の余裕量を貯蔵しておく必要がある。しかし、次亜塩素酸ナトリウムは、保管日数が長くなると有効塩素が減少し塩素酸が増加する。このため、次亜塩素酸ナトリウムの貯蔵にあたっては、保管環境の温度上昇を抑えることが望ましい。また、保管日数があまり長期間にならないようにする必要がある。

紫外線処理とは、紫外域の光エネルギーを微生物に加えることで核酸（DNA）を損傷させて不活化する方法である。水道における紫外線処理については、2007（平成19）年３月30日に「水道施設の技術的基準を定める省令の一部を改正する省令」が制定され、「水道におけるクリプトスポリジウム等対策指針」が適用されたことを受け、クリプトスポリジウムなどの耐塩素性病原生物の対策として位置付けられている。クリプトスポリジウムは高い塩素抵抗性をもつが、主に200～300nmの紫外線を照射するとDNAなどが損傷を受けてクリプトスポリジウムは不活化する。

４.２.５　高度浄水処理

一般的な浄水処理方式である「凝集沈でん・砂ろ過」では十分に除去できない臭気物質、有機物などの溶解性物質除去のため、活性炭処理、オゾン処理、生物処理を用いた高度浄水処理が、多くの浄水場で導入されている。日本で導入されている代表的な高度浄水処理のフローを**図４－16**に示す。また、各高度浄水処理のプロセスの概要を以下に示す。

活性炭処理は活性炭の吸着力を使って異臭味、色度、有機物などの物質を処理する。粉末活性炭処理と粒状活性炭処理がある。また、生物活性炭処理

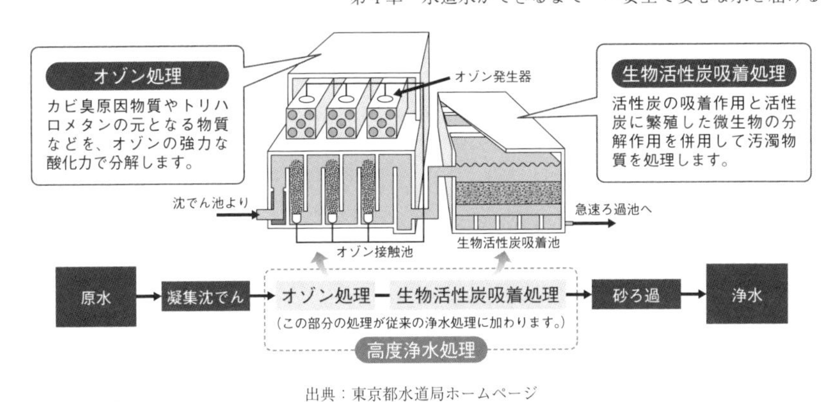

出典：東京都水道局ホームページ

図４－16　高度浄水処理を採用している浄水場のフローの例

は活性炭の吸着力とともに粒状活性炭表面に繁殖した微生物による有機物質の分解を利用した処理である。

オゾン処理はオゾンを使って水中の無機物や有機物を酸化し、また細菌やウイルスなどの殺菌、不活化を行う処理である。オゾンは塩素などほかの酸化剤に比べて強い酸化力があり、異臭味、色度の除去、消毒副生成物前駆物質の低減などを目的に行われる。オゾン処理を行う場合、副生成物対策として後段に粒状活性炭処理を行う必要がある。

生物処理は微生物を付着繁殖させた担体に原水を接触させ、生物酸化を利用して水中のアンモニア態窒素や臭気、鉄、マンガン、懸濁物質などを除去する。生物の自然浄化作用を人為的に効率よく進めさせるもので、微生物の付着する表面積を大きくさせるため充填材や円板などを水槽内に設置し生物膜を作り水を処理する。

また、マンガンを含む原水に塩素を加えろ過を続けると、自然にろ過砂がマンガン砂となり、水中のマンガンをマンガンの触媒作用により除去することができるようになる。

4.2.6　膜ろ過

膜ろ過とは、膜をろ材として水を通し、原水中の不純物を分離除去して清澄なろ過水を得る浄水方法である。ポンプで加圧する、ポンプで吸引する、水位差を利用する（自然流下による）などにより一次側と二次側に圧力差を付け、膜に水を通しろ過処理を行う。

膜ろ過法は、次のような特徴をもっている。すなわち、膜の特性に応じて原水中の懸濁物質、コロイド、細菌類、クリプトスポリジウムなど、一定以上の大きさの不純物を除去することができる。定期点検や膜の薬品洗浄、膜の交換などが必要であるが、自動運転が容易であり、ほかの処理法に比べて日常的な運転及び維持管理における省力化を図れる。凝集剤の使用量が少なくて済むまたは不要である。ほかの処理法より敷地面積が少なくて済み、また、施設の建設工期が短くなる。設備全体をひとつの建屋内に設置し、入退場制限や遠方監視が容易になり、リスク対策の面で安全性が向上する。

浄水処理に用いられる代表的な膜の適用範囲を**図４－17**に示す。また、膜ろ過の分離概念を**図４－18**に示す。

MF膜、UF膜は、有機膜と無機膜に大別され、有機膜の材質として、ポリプロピレン（PP）、ポリエチレン（PE）、ポリスルホン（PS）、ポリフッ化ビニリデン（PVDF）、ポリアクリロニトリル（PAN）などがあり、無機膜としてセラミックがある。また形状として、有機膜では、シート状の平膜、ストロー状の中空糸膜などがあり、無機膜では管型やモノリス型などがある。

膜ろ過を長時間継続すると、原水に含まれる汚濁物質が膜表面や膜細孔部に付着して膜差圧が高くなり、必要水量や目標とする水質が確保できなくなる。この膜の性能変化のうち、逆圧水洗浄や空気洗浄で回復できるものを可逆的ファウリング、薬品洗浄を行わなければ回復できないものを不可逆的ファウリングという。可逆的なファウリングの原因物質には、主に粘土などに代表される懸濁物質があり、不可逆的なものには、一部のフミン質など水に溶解している物質がある。このほか、膜自身の不可逆的な変質による劣化

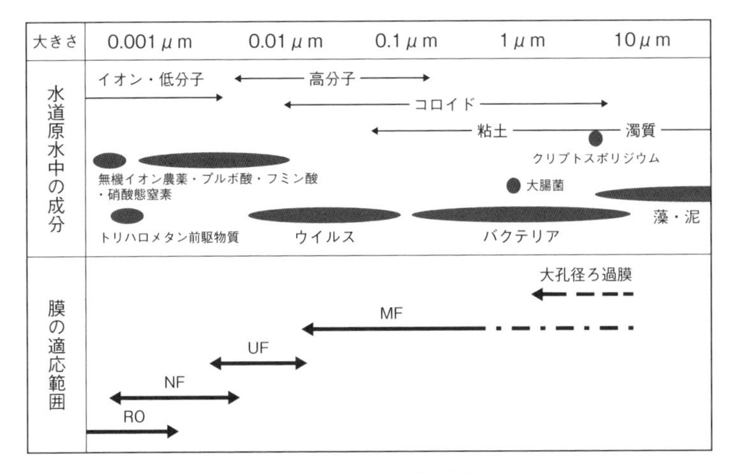

出典：『浄水技術ガイドライン 2010』、水道技術研究センター、2010

図４－17　水道原水中成分の大きさと膜の適用範囲

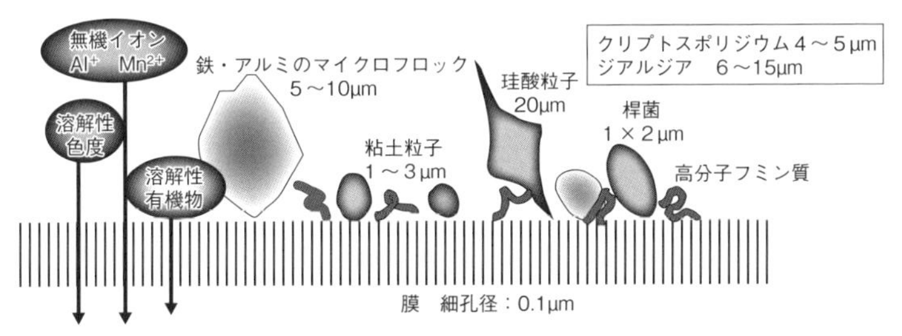

出典：『浄水技術ガイドライン 2010』、水道技術研究センター、2010

図４－18　膜ろ過の分離概念図

もある。

膜ろ過システムを安定して運転するためには、適切に洗浄を行うことが不可欠である。膜の洗浄方法には、物理洗浄と薬品洗浄があり、通常は一定間隔で物理洗浄を行い、それでも必要な透水性を確保できない場合に、薬品洗浄を行い膜の透水性能を維持する。

物理洗浄には、①逆圧水洗浄、②空気洗浄、③逆圧空気洗浄、④フラッシング洗浄などがあり、これらを単独、または組み合わせて行う。洗浄頻度は数分から数時間で、膜差圧や透水性能の低下を検知するか、設定した時間による自動洗浄が行われている。

薬品洗浄は膜の種類や除去対象物質により、使用する薬品が異なる。薬品には、水酸化ナトリウム、塩酸、硫酸、次亜塩素酸ナトリウム、シュウ酸、クエン酸などを使用する。薬品洗浄の方法には、設備から膜を取り外し、工場で洗浄を行うオフサイト・オフライン洗浄。設備に膜を取り付けたまま行うオンサイト・オンライン洗浄。膜を取り外し施設の中で行うオンサイト・オフライン洗浄がある。

4.2.7 排水処理

排水処理は、浄水処理過程で排出される沈でん汚泥や、ろ過池の洗浄排水を調整処理し、有効利用や処分、公共用水域への排出ができるようにするために行う。

浄水工程から排出される汚泥、排水は、施設の規模に応じて水質汚濁防止法の規制を受け、そのまま浄水場から公共用水域に排出することはできない。また、排水処理施設で発生する脱水ケーキは、廃棄物の処理及び清掃に関する法律の適用を受ける。こうしたことから、浄水場から排出される汚泥、排水について、脱離液と脱水ケーキに分離処理する。脱離液は原水へ返送し再利用するか公共用水域に放流し、脱水ケーキは有効利用、または適切に処分を行う。

排水処理施設は、浄水処理工程からの排水及び汚泥を受け入れるところから始まり、処理量の調整、固形物の分離、処理水の河川放流や原水としての返送、発生ケーキの処分などで終了する。排水処理施設のフローは、調整、濃縮、脱水、乾燥及び処分のフローの全部または一部で構成されている。

浄水施設は、浄水処理とともに排水処理が円滑に行われ、初めて総合的に機能するものである。また、排水処理は浄水処理と相互に関係し、たとえば、濁度に対して凝集剤の注入率が高い場合には汚泥の濃縮性が悪くなるなど影響を受ける。そのため、排水処理も含めた浄水処理施設の適切な運用が必要である。

3　安全で良質な水

4.3.1　水質基準、水質管理目標設定項目、要検討項目

水道水に求められる基本的な要件は、安全性と信頼性の確保である。そこで、人の健康に影響を及ぼす恐れのある項目をまとめ、「健康に関連する項目」として設定している。二つ目の要件は、水道としての基礎的で機能的な条件の確保である。この要件は、色、濁り、匂いなど、生活利用上の要請や腐食性などの施設管理上の要請を満たすためのものであり、それに関連する項目をまとめて、「水道水が有すべき性状に関連する項目」として設定している。

水道法に定める水質基準は1957年に制定された。2003年には、全国的に見れば検出率は低い物質（項目）であっても、人の健康の保護または生活上の支障を生じる恐れのあるものについてはすべて水道法第４条の水質基準項目として設定し、一方で、すべての水道事業者などに水質検査を義務付ける項目は基本的なものに限り、そのほかの項目については各水道事業者の状況に応じて省略することができることとするという考え方にもとづいて、水質基準が改定された。また、病原微生物と化学物質について、以下の要件により定められた。

人に対して健康被害を与える可能性のある病原微生物は多様であるが、水道水を介して伝播するものは主に腸管系の病原微生物であり、糞便による水の汚染が原因であり、一般細菌と大腸菌がその指標とされている。

WHO飲料水質ガイドライン第３版の検討に当たり採用されている考え方を参考にしており、水質基準の分類条件を浄水においては、評価値の10分の１に相当する値を超えて検出され、または検出される恐れの高い項目（特異値によるものを除く）を水質基準としている。この場合において、水銀及びシアンなど水道法第４条に例示されている化学物質については、上記要件に関わらず、水質基準として維持することとしている。また、毒性評価が暫定

的なものであることから評価値も暫定とならざるを得ない場合には、これらの条件に合致する場合であっても水質基準とはせず、水質管理目標設定項目に分類することとしている（**図４－19**）。

人の健康の保護に関係する化学物質などのリスク評価の方法については、閾値（それ以下の量では悪影響がないと考えられる値）がある項目の場合は、生涯にわたる連続的な摂取をしても人の健康に影響が生じない水準をもととして設定されている。具体的には、食物、空気などほかの暴露源からの寄与を考慮して飲料水による暴露割合を設定しており、水道水経由の場合は食品そのほかすべての暴露源のうち10％を割り当てている。なお、消毒副生成物については20％である。また、人の平均体重を50kg、１日に飲む水の量を２リットルとして設定されている。

遺伝子障害性の発がん性を有するなど毒性に関する閾値がないと考えられる項目については、生涯を通じたリスクの増分が10^{-5}となる濃度を基本として評価が行われている。これは、その物質を生涯摂取した場合、10万人に１人の割合で発がんリスクがある濃度レベルを指している。なお、毒性評価から求めた評価値を定量できる分析技術がない場合や、現在利用可能な水処理技術のうち最善のものを用いても評価値のレベルまで低減できない場合は、それらを考慮して定量下限値を用いることや、利用可能な処理技術で得られる最小の値を基準値とすることなどの考慮がされている。

水道水の性状にかかる項目については、水道水を利用する上の障害を生じない水準に設定されている。

水質管理目標設定項目は、浄水中で一定の検出実績はあるが、毒性の評価が暫定的であるため水質基準とされなかったもの、現在まで浄水中では水質基準とする必要があるような濃度で検出されていないが、今後、当該濃度を超えて浄水中で検出される可能性があるものなど水質管理上留意すべき事項として分類されている。

ニッケル及びその化合物、ジクロロアセトニトリル、抱水クロラールは、目標値の10分の１を超えて検出される事例がみられるものの、毒性評価が暫定的であることから、水質基準とされなかったためで、ほかの水質管理目標設定項目と比較して優先的に取り扱うことが望ましいとされている。また、二酸化塩素、亜塩素酸イオン、塩素酸イオンは、浄水または浄水処理過程で二酸化塩素を注入する水道事業者などにおいては、水質基準に準じて取り扱

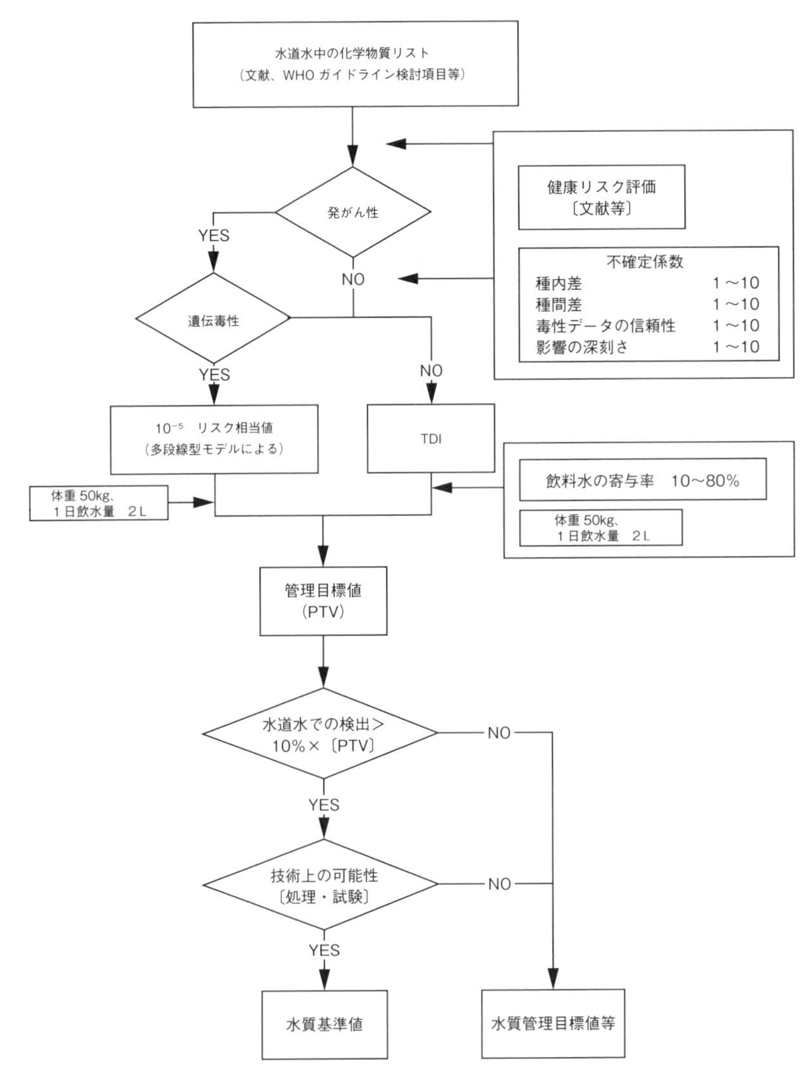

図４－19　水質基準などの分類フロー

うこととされている。農薬類については、水道利用者の関心が高いため、水質管理目標項目として望ましいとされている。

毒性評価が定まらないことや浄水中の存在量が不明などの理由から水質基準や水質管理目標設定項目のいずれにも分類できない項目については、要検討項目として整理され、今後必要な情報・知見の収集に努めていくべきこととされている。

4.3.2　水質検査・水質検査計画

水道水が水質基準に適合していることを確認するために、水道事業体は定期及び臨時の検査を行う義務がある。水道法では、水道事業者などに水質検査を義務付けているが、単独で検査施設を設置することが困難な小規模水道事業体などについて、厚生労働省令に定める「地方公共団体の機関」または「厚生労働大臣の登録を受けた者」に委託することができるとしている。また、微量化学物質による水道水の汚染が社会的な関心を集めており、安全でより良質な水道水を供給するために、精度の高い分析機器の導入と、専門技術者の確保・育成を含めた水質検査・試験体制の整備が必要となっている。

水質検査の種類は主に、給水開始前の検査、定期の検査、臨時の検査、水道利用者から請求された場合の検査である。

水道施設の新設、増設、改造して給水を開始する際には、あらかじめその施設を経由した水道水について、水質基準全項目と消毒の残留効果の水質検査を行い、5年間その記録を保存する。検査のための採水は給水栓で行うが、必要に応じて、取水・導水施設、浄水施設内、配水池・送配水施設などでも行う。

定期の水質検査には、毎日検査項目（色、濁り、消毒の残留効果）、水質基準項目（一部項目は検査省略可能）がある。そのほか、水質管理目標設定項目に関して義務はないが、各水道事業者などの判断で実施される。水質検査のための水の採水地点は、給水栓を原則とし、検査結果の記録を5年間保存する。また、必要に応じて、水源、浄水施設内、配水池・送配水施設など

表４－３　毎日検査項目及び水質基準項目の検査における、検査頻度及び採水箇所

検査項目	検査頻度	採水箇所
色、濁り、消毒の残留効果	毎日	給水栓
一般細菌、大腸菌、塩化物イオン、ジェオスミン、2-メチルイソボルネオール、有機物（全有機炭素）、pH値、味、臭気、色度、濁度	概ね１箇月に１回以上	給水栓
鉛及びその化合物、六価クロム化合物、シアン化物イオン及び塩化シアン、クロロ酢酸、クロロホルム、ジクロロ酢酸、ジブロモクロロメタン、臭素酸、総トリハロメタン、トリクロロ酢酸、ブロモジクロロメタン、ブロモホルム、ホルムアルデヒド、亜鉛及びその化合物、アルミニウム及びその化合物、鉄及びその化合物、銅及びその化合物、マンガン及びその化合物	概ね３箇月に１回以上	給水栓
カドミウム及びその化合物、水銀及びその化合物、セレン及びその化合物、ヒ素及びその化合物、硝酸態窒素及び亜硝酸態窒素、フッ素及びその化合物、ホウ素及びその化合物、四塩化炭素、1,4-ジオキサン、1,1-ジクロロエチレン、シス-1,2-ジクロロエチレン、ジクロロメタン、テトラクロロエチレン、トリクロロエチレン、ベンゼン、ナトリウム及びその化合物、カルシウム及びマグネシウム等（硬度）、蒸発残留物、陰イオン界面活性剤、非イオン界面活性剤、フェノール類		送・配水施設で濃度が上昇しないことが明らかな場合、浄水池、送・配水施設で採水可能

を採水地点とする。**表４－３**に、毎日検査項目及び水質基準項目の検査における、検査頻度、採水箇所を示す。また、過去の検査結果や水源の状況などから検査頻度を減らし、検査の実施を省略することができる。その判断フローを**図４－20**に示す。

水源や水道施設においては、水源の水質が著しく悪化する場合がある。たとえば、集中豪雨、洪水、渇水、湖沼における障害生物の増殖、色、濁り、臭気、味の著しい変化、多数の死んだ魚の浮上などの異常が考えられる。また、浄水処理の過程において異常があることもある。水源付近や給水区域及びその周辺などにおいて消化器系感染症が流行しているときや大規模な工事があるときなど、水道施設が著しく汚染された恐れがあるときもある。そのような場合には、必要に応じて水源、浄水場、配水管及び給水栓などから採水して臨時の水質検査を行う。それは、水質異常が収束して水道水の安全性が確認されるまで、ほぼ連続的に行う。

水道利用者が水道水に異常があると認めて水質検査を要求した場合には、直ちに現場の実態を調査し、速やかに水質検査を行い、その結果を請求者に通知しなければならない。異常の内容が給水装置に係るものと考えられる場合には、開栓直後と給水装置内の水を十分排水した後に採水する。また、異常の内容が配水管にあると考えられる場合には、当該地区周辺で事情を説明し、同様の状況がないか情報を収集し、給水栓から採水して検査する。

水質検査計画とは、水質検査の適正化を確保するために、検査項目などを定めたものであり、水道事業者、水道用水供給事業者及び専用水道の設置者は、毎事業年度の開始前に策定し、事前に公表することが義務付けられている。また、公表に当たっては、専門的知識がなくても、水道利用者が理解できるように配慮されなければならない。

水質管理において留意すべき項目のうち水質検査計画に係るものについて

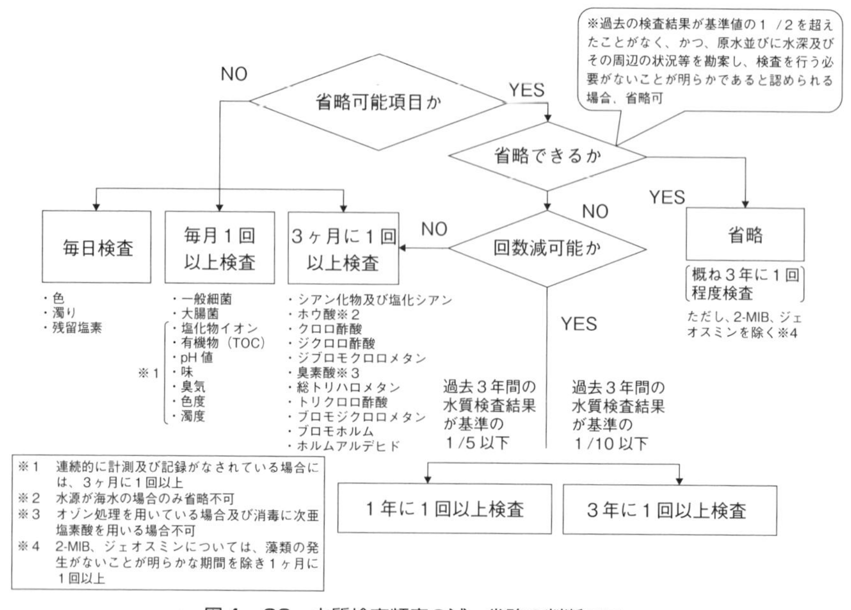

図4－20　水質検査頻度の減・省略の判断フロー

は、水源から給水栓に至るまで、水源の種類、原水水質の状況、浄水処理方法、汚染の原因などを考慮する必要がある。また、定期の水質検査を行う項目については、当該項目、採水の場所、検査の回数及びその理由、定期の検査を省略する項目については、当該項目及びその理由を記載する。臨時検査に関する事項については、水質検査を行うための要件や、そのときの検査項目について記載する。さらに、水質検査を委託する場合は当該委託の内容やそのほかの水質検査の実施に際し配慮すべき事項、水質検査結果の評価、水質検査計画の見直し、水質検査の精度及び信頼性保証に関すること、関係者との連携、検査結果の公表方法などについても記載することとされている。

水質検査結果において、その精度と信頼性の確保は非常に重要であり、優良試験所基準（GLP：Good Laboratory Practice）にもとづいた精度と信頼性保証体制の導入が求められている。具体的には、信頼性保証部門と水質検査部門に各責任者を配置した組織体制を整備し、標準作業書による作業のマニュアル化を行うなど、統一的に正確な検査結果を得るための体制を構築することになる。（公社）日本水道協会では、水道の水質検査に特化した「水道水質検査優良試験所規範（水道GLP）」を策定し、水道GLPの認定を制度化して実施している。

水質検査機関、簡易専用水道検査機関などについては、厚生労働大臣による登録制度としており、登録を受けたもの（登録水質検査機関）が、水道事業者などから委託を受けて水質検査を行うこととしている。

登録基準は、登録施設（検査室、検査機器）の所有、検査員（５名以上の確保）、信頼性確保の措置の３つであり、登録機関に対する措置として、登録基準への適合命令、検査の受託義務、検査の方法などに係る改善命令、登録の取消しなど、業務停止命令、報告の徴収及び立入検査が規定されており、そのほか、業務停止命令、立入検査などに係る罰則が整備されている。

なお、水質検査機関登録は259機関、簡易専用水道検査機関登録は154機関である。（2015年10月時点）

4.3.3　衛生上の措置

水道により供給される水は、常に安全かつ清浄なものでなければならない。そのための措置として、水道法では水質基準や施設基準の規定を設け、供給される水に対しては定期及び臨時の水質検査を行うことを義務づけ、さらに、浄水場業務の従事者などには定期及び臨時の健康診断を行うことを義務づけている。しかし、これらの措置によっても、病原菌による汚染の危険が残る恐れがある。そのため、水道法では、水道施設の管理及び運営に関する衛生上必要な措置として消毒そのほかの措置を定め、衛生管理の徹底を期している。

衛生上必要な措置の内容は、厚生労働省令施行規則第17条に、次のように定められている。

(1) 取水場、貯水池、導水きょ、浄水場、配水池及びポンプ井は、常に清浄にし、水道の汚染防止を十分に行わなければならない。

(2) 上記の施設には、鍵をかけ、周囲に柵を設けるなど、人畜により水が汚染されることを防ぐために必要な措置を講じなければならない。

(3) 給水栓において遊離残留塩素0.1mg/L（結合残留塩素の場合は0.4mg/L）以上保持するよう塩素消毒をしなければならない。

なお、塩素消毒の基準は、水道施設の管理及び運営に関する衛生上の措置として定められており、水質基準には含まれないが、水質検査においては、消毒の残留効果について毎日検査しなければならない。

4.3.4　水安全計画

国民の生活や社会活動は水道なしでは成り立たなくなっており、災害や事故による断水等の給水制限、濁水が社会に与える影響は非常に大きく、安全で安定した給水を確保することが求められている。水道システムにおいては、地震・風水害など自然災害、渇水、水質汚染、停電、水道管破裂、施設老朽化、テロ等反社会行為など多岐にわたる危険を抱えており、ライフラインとして安定給水を確保するため、このような危険に対して可能な限り低減する対策を立てなければならない。そこで、水道水の安全性を一層高め、国民へ安定的に供給していくために、水源から給水栓に至る統合的な水質管理を実現することが重要であり、厚生労働省はその管理手法として水安全計画の策定を推奨している。

水安全計画とは、水源から給水栓に至る水道システムの危害を抽出・特定し、それらを継続的に監視・制御することで、安全な水の供給を確実にする計画である。

わが国の水道では、基本的には原水の水質状況に応じて整備された浄水施設と適切な運転管理、及び定期的な水質検査などによって安全な水の供給が確保されているが、水道水の水質基準項目数の中で常時監視可能なものは少なく、定期検査などにおいて結果が出るにはある程度の時間がかかる。そこで、水の安全性を一層高いレベルで確実にするために、水源から給水栓に至るすべての段階において包括的な危害評価と危害管理を行うHACCP（Hazard Analysis and Critical Control Point）の手法の考え方を導入した水安全計画（Water Safety Plan；WSP）が提唱された。

HACCPとは**図4－21**に示すように、食品業界で行われており、原料入荷から製品出荷までのあらゆる工程において、「何が危害の原因となるのか」を明確にするとともに、危害の原因を排除するための重要管理点（工程）を

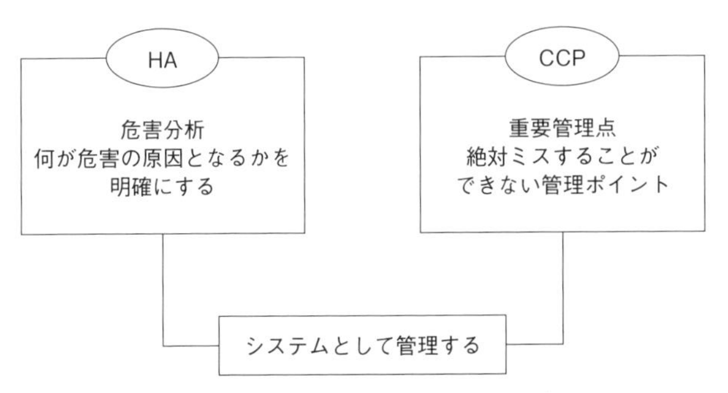

出典：『水安全計画策定ガイドライン』、厚生労働省、2008

図4－21　HACCP

重点的かつ継続的に監視することで衛生管理を行うものであり、2004年のWHO飲料水水質ガイドライン第３版において、HACCP手法の考え方の水道への導入が提唱された。

WHO飲料水水質ガイドラインにおける水安全計画では、原水水質の汚染をできるだけ少なくすること、浄水処理過程で汚染物質を低減・除去すること、配水、給水過程で水道水の汚染を防止することを目的としている。それらの達成の主要な要素として、水道システムの評価、管理措置の設定、計画

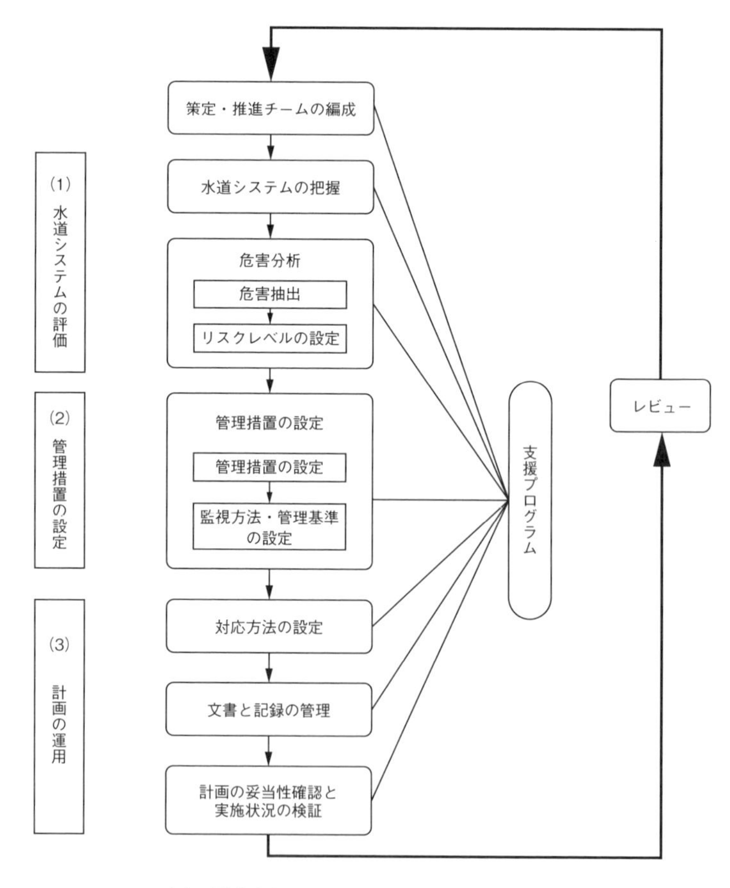

出典：『水安全計画策定ガイドライン』、厚生労働省、2008

図４−22　水安全計画の策定と運用の流れ

の運用の３要素から構成されるとしている。

平成20年５月に厚生労働省から公表された「水安全計画策定ガイドライン」では、水安全計画の策定と運用の流れが示された（**図４－22**）。

万一水道水質基準を超過するなど、供給する水が人に健康被害を及ぼすおそれがある場合には､給水を停止し健康被害の発生を防がなければならない。なお、水道法第23条第１項には次のように規定されている。

「水道事業者は、その供給する水が人の健康を害するおそれがあることを知ったときは、直ちに給水を停止し、かつ、その水を使用することが危険である旨を関係者に周知させる措置を講じなければならない。」そのため、特に中小規模の水道事業者が「水安全計画」を策定する際には、支援する必要性が指摘されている。

＊　　＊　　＊

参考文献

１）『水安全計画策定ガイドライン』、厚生労働省、2008
２）『新水質基準・水質管理解説Ｑ＆Ａ』、東京法令出版、2004
３）『地下水利用専用水道の拡大に関する報告書』、日本水道協会、2005
４）『水道維持管理指針2006』、日本水道協会、2006

第5章

水を配る

第5章　水を配る

1　送配水施設

5.1.1　送配水施設とは

送配水施設は、**図5－1**に示すように、浄水施設から清浄な水道水を適正な水量・水圧で安定かつ持続的に給水区域に供給する機能が求められる。送配水施設のうち、有圧で水を輸送する管などの材料は、水質を劣化させないばかりでなく、水密性や経済性にも配慮がされていなければならない。すなわち、外部からの浸入水による汚染の防止などと、通常時の需要を満たす水量のみならず、事故時や災害時の水量にも対応可能なように整備する。

送水施設は、浄水場から配水池などに水を送るために必要なポンプ、送水管そのほかの設備を有し、計画一日最大給水量を計画送水量として整備される。配水施設は、必要量の浄水を一定以上の圧力で連続して供給するのに必要な配水池、ポンプ、配水管その他の設備を有する。配水施設が受け持つ配水区域は、地形などの自然条件を考慮して設定し、当該配水区域の計画時間最大配水量を計画配水量として整備される。

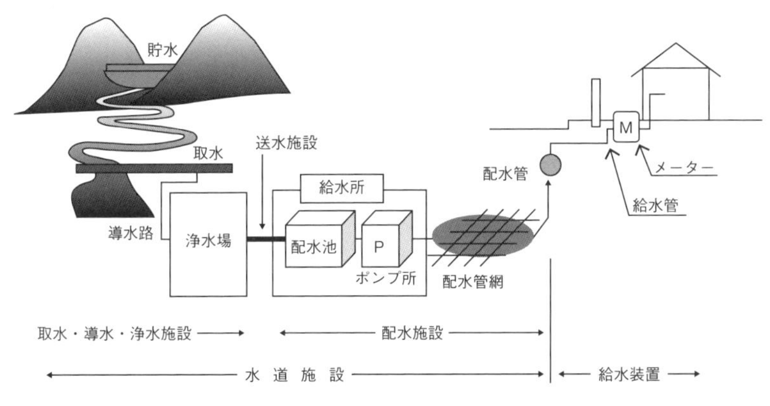

図５－１　送配水施設の構成

給水装置は、水道事業者が設置した配水管から分岐して、水道利用者の負担によって設けられた給水管及びこれに直結する給水用具である。

水道法第５条には、「水道施設の構造及び材質は、水圧、土圧、地震力その他の荷重に対して充分な耐力を有し、かつ、水が汚染され、または漏れるおそれがないものでなければならない。」と記載されている。送配水施設に求められる具体的項目を以下に示す。

・耐震性の確保
・配水量の時間変動の調整機能の確保
・ポンプ設備、送配水管、付属設備の整備
・水質の保持
・情報の管理

日本の水道事業は新設拡張から維持管理の時代に入り、高度成長期に大量に構築された施設の経年化による機能劣化などの課題解決が急務となっている。送配水施設のリスクに的確に対応するためには、優先度の高いものを評価・選別し、事前・事故時双方の対策と管理体制を構築しておくべきである。日本水道協会発行の『水道維持管理指針2006年版』では、送配水施設で発生するリスクを、自然系・社会系・人為系に大別し、発生頻度と影響度を推定しているので参考とされたい。

清浄な浄水を連続して輸送する機能を担う送配水施設は、給水の安定性を大きく左右する。従って、日々における送・配水量の需要予測と、それにもとづく運転計画を策定した上で、適正な監視による運転管理を行うことが求められる。給水区域内は、均等で適切な水量や水圧、水質で配水することが基本である。しかしながら、それらの値は時間帯や曜日、季節などにより変動する。配水量が変動した場合においても、管内圧力を規定範囲内に保つための制御方式には、配水ポンプの吐出圧力や減圧弁の二次圧力を一定に保つ吐出圧一定制御と、末端圧力の実測値や管網計算結果により制御する末端圧力一定制御がある。

送配水施設では、水量・水圧に加え水質の監視も重要である。定期的に収集するデータ、または、テレメーターなどで常時得られるデータにもとづき、施設の運転や機能評価をすることにより、給水サービスの向上や事故の早期発見と影響の最小化が可能となる。こうした水使用量の変動特性に対応した供給が出来るように送配水施設の運転管理により配水調整を行うべきである。

配水調整を効果的に行うためには、区域内の配水状況を把握しておくことが必要となる。配水状況の把握に必要なデータの取得は、測定間隔により常時・定期・随時に大別される。デジタルデータで取得・蓄積が可能な機器が多く使用され、それぞれのデータをクロス集計して配水状況の分析が出来る。効果的な配水調整の実施には、配水区域の要所において同時に多数の測点で連続測定することで得られる時系列データを用いた評価が有効である。**図5－2**は、既設の消火栓を用いて測定した時系列データがロギング可能な水圧計に、断水することなく計測が出来る挿入式流量計を接続して設置した例である。このデータロガ式水圧計は、さまざまな出力形式のセンサーからのデータを収集して蓄積する機能を持ち、同時多点で時刻を合わせた多様な情報を用いた現状分析が可能となることから、配水調整のみならず送配水施設の維持管理に活用されている。

送配水施設は、水道事業の認可当初の計画一日最大給水量や、それをもとにした計画時間最大配水量などを基準として設計し、構築されている。従っ

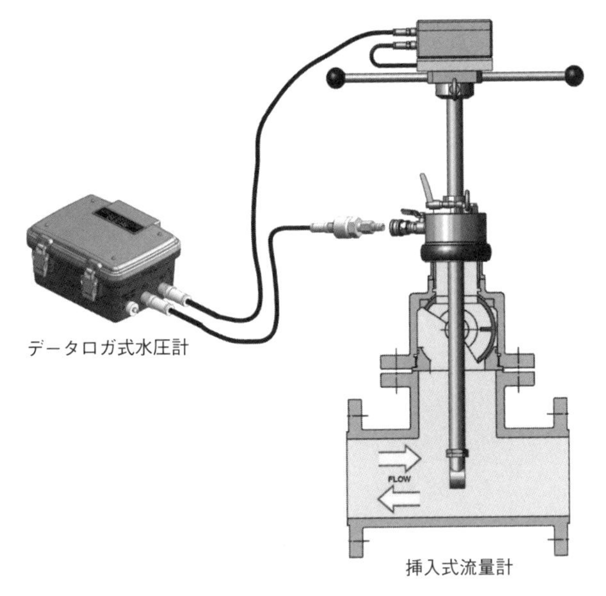

出典：『水道維持管理指針 2006』、日本水道協会、2006（一部改変）

図5－2　消火栓を用いた水圧・流量データの取得装置

て、基準とした水量に満たない場合にはその機能が損なわれる可能性がある。少子高齢化の進展や節水機器の普及などにより水需要が減少傾向にあり、計画一日最大給水量と現状の実給水量が乖離している場合が多くなっている。管路に流れる水量が減少すると流速が遅くなり、停滞水に伴う残留塩素濃度の減少や、空気弁の機能が損なわれるなどの弊害が発生する。そのため、施設整備計画を見直し、必要に応じて水道施設を更新・改良することとなる。

5．1．2　適切な水量・水圧で運用するために

送配水システムの機能を十分に発揮するためには、浄水を配水池まで輸送する送水施設と、配水池から給水区域に供給する配水施設が、一体的な運用ができるものでなければならない。送配水システムの整備にあたっては、そ

れらの施設が単に平面的に連絡されるばかりでなく、地形や既存施設の配置を考慮して浄水場から配水池、あるいは拠点配水池間の相互融通を可能とするネットワークとして構築されているべきである。その上で、配水系統内での配水調整を容易にするために**図５－３**で示すような配水管ネットワークも構成されていることが必要である。なお、それぞれの送配水ネットワークにおいては、相互のバックアップ体制を強化するために連絡管を設置することが望ましい。さらに、水量・水圧やポンプ運転状況などを一括して監視・制御できるシステムとしても整備されるべきである。

2016年１月、記録的な大雪と寒波に見舞われた西日本では、給水装置の凍結による漏水事故が頻発し、配水流量が激増した結果、配水池水位の低下が見られ、計画的に給水を停止させ断水した。このため少なくとも38万世帯が影響を受けた。しかし、福岡市では、各浄配水場間の流量調整による相互融通が機能し、断水を回避することができた。なお、配水管の漏水被害は報告

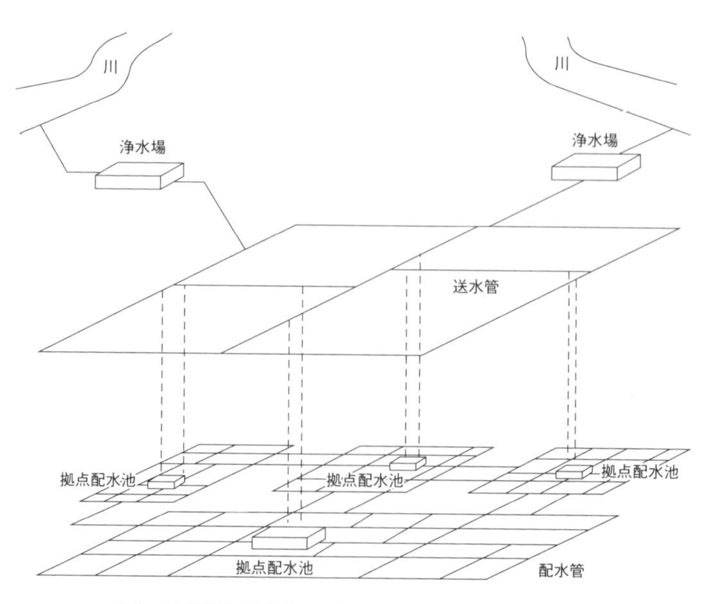

図５－３　送配水管ネットワーク

されていない。

送配水システムには、省エネルギーと低コストを基本とした合理的な水運用が求められる。従って、配水区域と配水方式の設定においては、経済性にも配慮した対応が重要である。配水区域は、給水区域を分割して適切な広さを持つようにすることが必要であり、その設定は送配水システムの構築に当たり重要な要素となる。従って、配水区域の設定の際には、水需要の実態などの社会的条件、地勢などの自然条件による施設配置に加え、配水区域相互の融通機能など非常時対応への配慮を基本要件とすべきである。ただし、これら諸条件を考慮しても、配水区域の広範囲化や高低箇所の混在が避けられない地形が多く存在し、維持管理などに支障となる場合もある。配水区域をさらに小さく分割して管理するブロック化は、これらを解決する方策として有効である。

ブロック化の形態には、**図5－4**に示すように配水区域を平面的な範囲や高低差で分割して配水本管で構成させる配水ブロックと、これをさらに分割した配水支管網ブロックがある。なお、ブロック境界では、管末での滞留に

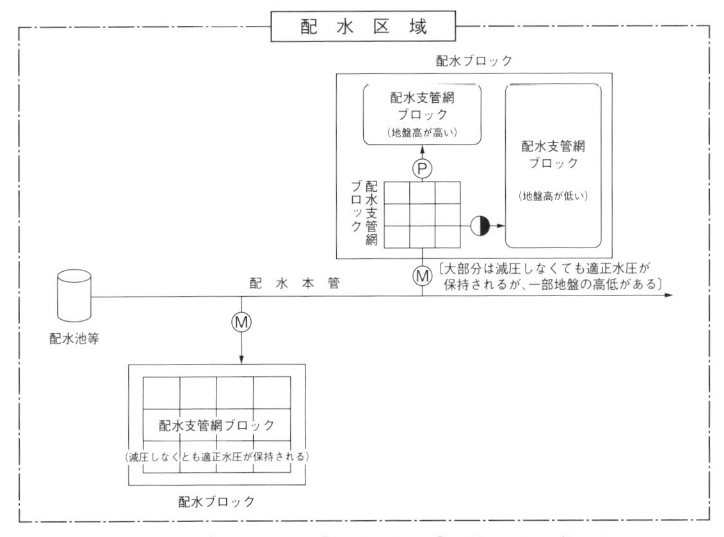

図5－4　ブロック化の概念図

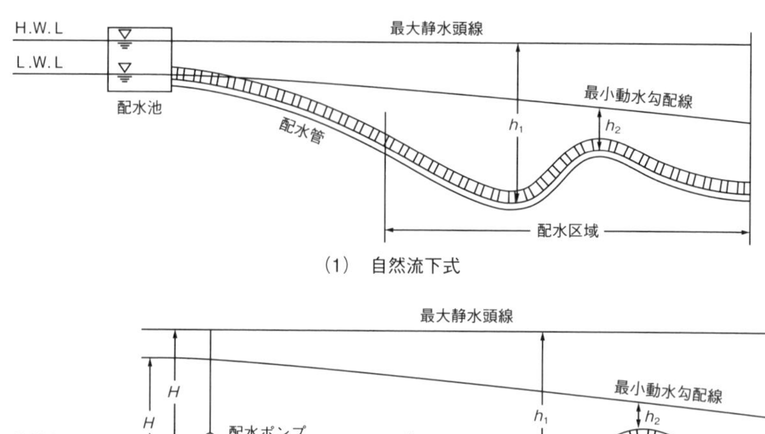

（1）　自然流下式

（2）　ポンプ加圧式

h_1：配水管に作用する最大水圧
h_2：許容最小水頭

出典：『水道施設設計指針 2012』、日本水道協会、2012

図５－５　配水方式

よる残留塩素の減少や、管内で発生する錆など夾雑物の堆積が見られる場合があり、水質監視や流量制御機器の設置に係る費用やそのための管網整備などについても、ブロック化の構築にあたって検討することになる。

配水方式には、**図５－５**に示すように配水池と配水区域の高低差によって、自然流下式とポンプ加圧式及びそれらの併用式がある。配水区域内での最小水頭地点をターゲットとして適切に配水施設を設置することにより、供給圧力の適正化と水圧の平準化が可能となる。ポンプ加圧式は、建設費や維持管理費に加え、停電時の影響など、自然流下式に比べ課題が多い。行政エリアの合併や広域化による施設統合時などで配水区域の再設定が必要となる場合においては、既存の送配水施設の活用についても留意すべきである。

水道の使用量は、一般に夏場に最大となり、一日の内でも朝夕にピークが

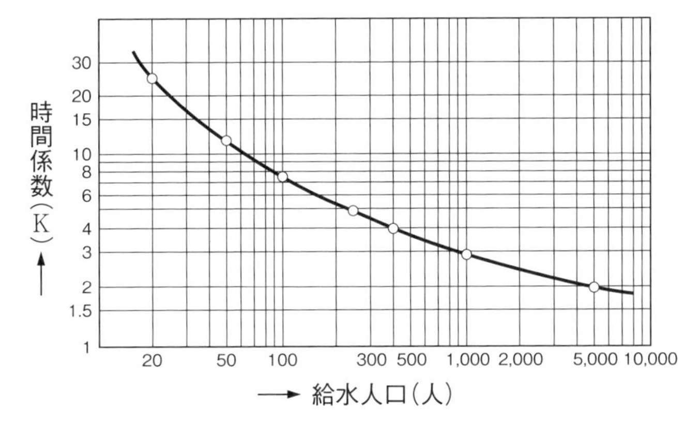

出典：『水道施設設計指針 2012』、日本水道協会、2012

図5－6　給水人口と時間係数

生じ、夜間は少ない。また、商工業地などの住宅地以外では曜日による使用量変化が大きくなる傾向にある。送配水システムを適切な水量・水圧で運用するためには、一年間で最も需要量の多い時においても施設の能力に不足が生じない規模とすることが必要であることから、配水区域の計画時間最大配水量で整備される。

計画時間最大配水量q（m^3/h）は、次の式で算出される。

q＝K×Q／24

すなわち、配水区域内の計画給水人口がその時間帯に最大量の水を使用するものと仮定し、計画一日最大給水量Q（m^3/日）が使われた時における時間平均配水量Q／24（m^3/h）に時間係数Kを乗じて決定するものである。

時間係数Kは、計画時間最大配水量q（m^3/h）の時間平均配水量Q／24（m^3/h）に対する比率であり、**図5－6**に示すように、給水規模が大きくなるほど小さくなる傾向がある。ただし、近年では水需要の減少に加え、水道の利用形態の変化によるピーク時間の平準化傾向が見られることから、管網計算を使用した水理解析においては適切な値を採用すべきである。

「消防水利の基準」（消防法第20条による消防庁告）では、消防水利は「取水可能水量が毎分一立方メートル以上で、かつ、連続四十分以上の給水能力を有するものでなければならない。」とされており、配水量には消火用水量を加える必要がある。ただし、小規模水道や配水量の少ない地域では、配水管管径が過大となって不経済であり、また管内流速が著しく小さくなって、水質悪化を招く恐れもあることから、火災時の消火用水量は人口規模によって異なる水量としている。なお、消火活動として放水するためには一定の圧力が必要である。配水管の圧力については水道施設の技術的基準を定める省令第７条に規定されており、消火栓を使用しない場合の配水管の圧力は「配水管から給水管に分岐する箇所での配水管の最小動水圧が150キロパスカルを下らないこと。ただし、給水に支障がない場合は、この限りでない。」とされ、加えて「消火栓の使用時においては、前号にかかわらず、配水管内が正圧に保たれていること。」と記載されている。従って、放水時において消火栓から直接取り入れホースを用いて消防ポンプ車と連結する場合も多く、配水管の圧力が負圧になってしまうことも有りうるので注意しなければならない。

平成25年度における水道事業の年間消費電力は約74億kW（全国総電力使用量の約0.8%）にのぼり、そのうちの大部分はポンプ施設において使用されている。厚生労働省の指導では、「エネルギーの使用の合理化に関する法律」を遵守するとともに、環境保全対策として小水力発電設備や太陽光発電設備などの新エネルギー設備の導入を検討すべきとしている。また、環境省にお

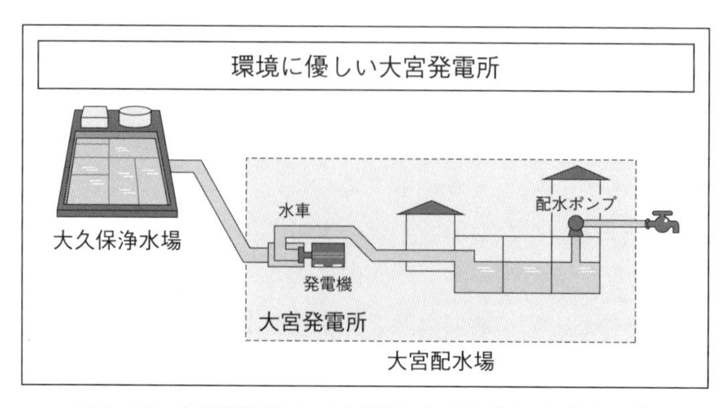

図５－７　水道を利用した水力発電のしくみ（さいたま市の例）

いても、水道施設への再エネ・省エネ設備の導入を推進するため平成25年度より厚生労働省連携事業として展開しており、平成28年度からは「上水道システムにおける省CO_2促進モデル事業」の新設予算を計上して一層の支援を行うこととしている。

送配水施設におけるエネルギー使用の合理化にあたり、小水力発電は、再生可能エネルギーのうち水道施設の特長を最もいかしたものであり、近年ではコストも低下している。**図5－7**に示すように浄水場や配水池など、上流からの落差による圧力を解放する必要がある流入部に設置することでその効果が発揮され、特に流量の時間的変動が無い施設では常に安定した電力量が確保できる。

小水力発電設備の設置場所の選定では、操作に精通した企業を選定して適切な運転管理を実施することが必要であり、安易に設置した場合には、本来の送配水システム運用に支障を与えることもあるので留意すべきである。導送配水施設における小水力発電の導入可能箇所として、着水地点・接合井・調整池手前など自由水面に圧力を開放する箇所、配水池への流入圧力が必要以上に高い箇所、必要以上に高圧となり、減圧弁で減圧を行っている箇所が考えられる。

5.1.3　池構造（配水池・緊急貯水槽）

配水池は、浄水場からの送水を受け、当該配水区域の需要量に応じた配水を行うための浄水貯留池であり、その基本的な機能は、浄水量あるいは送水量と配水量との時間的差を調節する時間変動調整機能を受け持っている。すなわち、浄水施設は、計画一日最大給水量を基準としているので、毎時一定量の浄水が配水池に送られる。一方、配水量には時間変化があるので、使用水量が減少する夜間は、時間配水量を上回る送水量を配水池に貯え、使用水量が増加する昼間は、送水量を上回る配水量を配水池から流出させて需給の均衡を図る機能の装備が必要である。なお、配水池の運転は有効水深の範囲内で行い、最高水位を超えて溢れさせたり、最低水位以下で空気や沈でん物を送水したりしてはならない。

配水池の有効容量は、給水区域の計画一日最大給水量の12時間分が標準とされている。この容量には、時間変動調整に加え、非常時対応容量として配水池より上流側の対応分（渇水、水質事故、施設事故など）や配水池より下流側の対応分（災害時応急給水、施設事故など)、ならびに、消火用水量が考慮されていなければならない。

配水池は、鉄筋コンクリート（RC)、プレストレストコンクリート（PC）または強化プラスチック（FRP)、鋼板製（鋼製、ステンレス製等）の構造物とし、形状は、力学的特性、容量、経済性、施工性などを考慮して矩形、円筒形のものが多い。また、配水池には、地上式、地下式または半地下式があり、寒冷地においては凍結にも留意して選定する。また、配水区域内に高所がない場合には、高架タンクや有効水深を深くして水位を高めた配水塔を設置することがある。

浄水場で水道水が水質基準を満たしていても、配水池内部では砂や錆などの沈でん物が堆積したり、塩素による内面の劣化が生じる。そのため、水質の保全に加え、構造物として要求される水密性と強度の維持を図るためには、一定の頻度で配水池の清掃が必要である。そのため、配水池は、点検、清掃、修理など維持管理面から２池以上（または、１池を複数に分割）にすることが求められている。また、配水池下流の配水管の破損によって配水池から浄水が流出することを防止するために、緊急遮断装置を配水池直近に設置することが望ましい。なお、断水することなく作業が行えるように、最近では配水池の清掃を目的としたロボットが開発されている。

送配水施設の中でも管路は、法定耐用年数が短く、軟弱地盤や地層の変化点に埋設されたため、耐震性能が低いものも多く、震災時に損傷し、給水機能が停止することとなる。そのため応急給水対策として、**図５－８**に示す震災対策用貯水施設を設置することが望ましい。

震災対策用貯水施設は、貯水槽、貯水槽回りの配管及び付属施設として構成され、送配水管路に直結して設置する。従って、その構造や材質は水道施設の要件を有すると共に耐震性能を満足していることが必要である。貯水槽

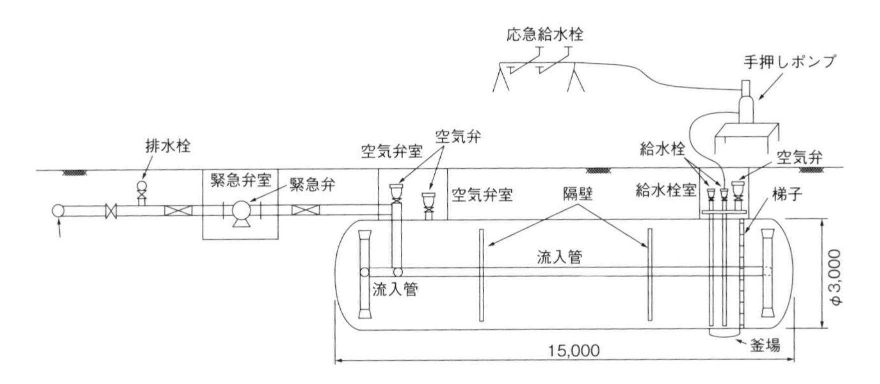

出典：『水道施設設計指針 2012』、日本水道協会、2012、（一部改変）

図５－８　震災対策用貯水槽と非常用給水設備の構造例

の容量は、応急給水人口に対して１人１日３Ｌを基準水量とし、最低３日間程度を見込んで算定する。なお、飲用専用目的として60m^{3}級、100m^{3}級の震災対策用貯水槽が設置されることが多いが、1,000m^{3}級の耐震性貯水槽を設置して消防水利と兼用する場合もある。

非常用給水設備の給水方式は、自然流下式や、ポンプ加圧式、手押しポンプなどの方法があり、給水設備は確実な応急給水を可能なものとするため、設置するすべての給水栓が同時に使用可能な能力を備える必要がある。また、非常時の混乱した状況の中で使用されることを想定して、接続など取り扱いの操作が簡便で容易なことが要求される。なお、災害時には操作可能な水道職員のすべての設備への常駐が困難となる場合もある。このような事態に備え、地元の自治会などと連携した組織を構築し、日頃の点検整備や応急給水訓練の際においても常に参加を呼びかけ、設備内容や操作方法を習得するなど非常時の備えを充実しておくことも重要である。

送配水施設における水質管理は、浄水場でつくられた水道水の水質を配水管の末端まで良好に保持することである。衛生上の必要な措置として、水道法22条で、給水栓における水道水の遊離残留塩素を0.1mg/Ｌ以上保持するよう義務付けている。ただし、残留塩素濃度が高くなり苦情の原因となる場合もあることから、安全でおいしい水の供給には、配水池の出入り口、配水管の途中や末端などの適正な場所で残留塩素濃度の状況を把握しておくことが望ましい。

配水池における残留塩素濃度は、配水池容量が過大な場合や内部に水の滞留場所があると減少する。また、配水管の末端など水が停滞しやすい場所で減少し、原水水質や水温、滞留時間、配水池からの到達時間などによっては減少量が変化する。残留塩素を保持するためには、配水管の末端に至るルートの適切な地点で塩素の追加を行う。また、行き止まりの管路など管網上停滞が避けられない場所で定期的な排水を行ったり、管内で長時間滞留または停滞しないよう、バルブ制御により循環ルートを確保する必要がある。

さらに、高度浄水処理方式を導入して、浄水の塩素要求量を少なくして送配水過程での水質劣化を少なくすることも有効である。

定点観測地点を定め、自動水質計を設置してリアルタイムに連続したデータを収集し、配水コントロールにフィードバックして活用することが望ましい。その結果、適正な水質管理が可能となり、定期排水や常時排水などに起因する有効無収水量が削減され､水道事業経営に寄与できる。なお､計測データの通信方法においては、近年ではICTの普及によりテレメーターに代わってクラウドシステムを用いた監視機器の開発が進んでおり、日常の維持管理において、モバイル端末を使用した低コストな監視システムの構築が可能となっている。水質だけではなく水圧や流量など、管網に設置されたさまざまな既存の情報をリアルタイムに集積し、クラウド上で解析することで、現地に行かなくても管路の異常をパソコンやタブレットで把握可能となるため、維持管理の効率化が図れる。

5.1.4　ポンプと管路付属設備

管路施設には、数多くのポンプや多種多様な付属設備がある。それらのうちどの部品が故障しても、水源から蛇口までの連続したシステムの安全かつ合理的、経済的な運用が妨げられることから、配水池や管路などの施設と一体となって正常に機能させることが重要である。それら設備の法定耐用年数

表5－1　工種別の更新基準の初期設定値（法定耐用年数）

工種	更新基準の初期設定値（法定耐用年数）
建築	50年
土木	60年、45年*
電気	15年
機械	15年
計装	15年
管路	40年

＊SUS配水池に適用

は、**表5－1**のように画一的ではないため、更新計画や日々の維持管理計画の策定に当たっては施設の重要度、劣化状況、維持管理状況、管路の布設環境などを考慮する必要がある。

ポンプの形式を、動作原理にもとづいて分類すると、遠心ポンプ、斜流ポンプ、軸流ポンプ及び特殊な形式として、水中モーターポンプや可動羽根ポンプなどがある。主に使用されるポンプは**図5－9**のように分類される。ポンプは、外部からの動力供給により、連続して水に運動エネルギーを与える装置であることから、水の輸送として使用されるポンプは、エネルギー効率に優れたターボ形ポンプが大部分を占める。

ポンプの形式の選定は、その目的に応じ、計画吐出し量及び全揚程を満足

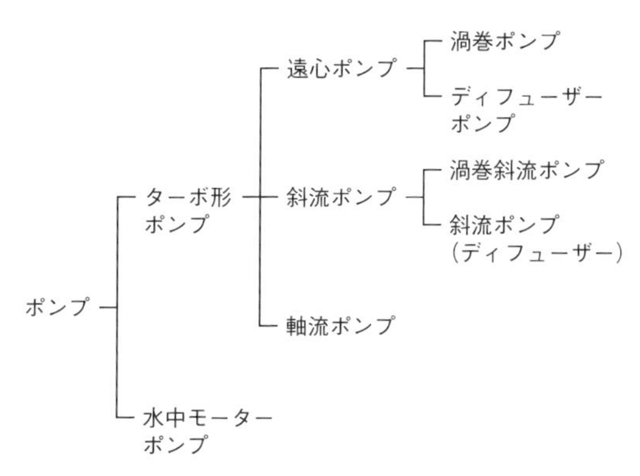

出典：『水道施設設計指針 2012』、日本水道協会、2012

図5－9　ポンプの分類例

し、効率が高い運転範囲を持つこと、計画吸込揚程でキャビテーションが発生しないこと、また運転方法、保守及び分解整備など維持管理の得失を検討しなければならない。なお、電源の電圧や周波数を制御するインバーター制御方式を用い、ポンプの可変速運転で流量の制御を行うことにより、省エネルギー効果が得られる。

インラインポンプ（またはラインポンプ）は、省エネやコストダウンの観点から採用例が多くなっている。インラインポンプは、吸い込み配管を有せず、配管ラインに直接設置するもので、分類としてはターボ形のすべてに適用される。その効果は、加圧装置（ブースター）として配水池を経由せず、あるいは、複数配水のシステムで高圧部に設置して送水することで、ポンプの小型化と配水エネルギーの低減により、イニシャル及びランニングコストが削減される。

ポンプの突然の停止は、断水や減水、水質異常の発生を招く。停電などによりポンプが急停止すると管内の水の流れが急激に変化し、管路や設備などへ衝撃圧力が及ぶ。この現象がウォーターハンマーであり、非常に大きな衝撃が生じるため、ポンプや管体が破壊される可能性を考慮しなければならない。その防止策として高い効果が期待できるものに、ポンプの急激な停止による負圧を抑止するフライホイールや、大口径管路で標高の高い地点に設置するサージタンク方式などがある。

ポンプが故障すると、運転中の揚水不能、吐出し量·圧力不足、始動不能、過電流、振動、騒音などが生じる。安定した給水の確保には、日常の維持管理が必須である。

送配水施設の付属設備は、遮断用バルブ、制御用バルブ、空気弁、減圧弁、排水設備、消火栓、流量計、水圧計などに分類され、水量・水圧・水質の適正な確保に寄与できることが必要である。送配水管路には、さまざまな付属設備が設置されており、管網の機能を有効に発揮できるように、かつ、維持管理を効率的､容易にできるように整備されていることが必要である。また、付属設備の多くは弁栓室内に設置され、地震動で揺られて破損する事例も多いことから、既往地震における被害事例などを参考に、弁室の補強、躯体へ

表５－２　主な付属設備の一覧表（参考）

（2012年３月現在）

	名称	規格	管径（mm）	摘要
バルブ・栓	水道用仕切弁	JIS B 2062	50～1,200	立形　フランジ　メカニカル
	〃	〃	400～1,500	横形　フランジ
	水道用ソフトシール仕切弁	JWWA B 120	50～500	フランジ、NS
	水道用ダクタイル鋳鉄仕切弁	JWWA B 122	50～500	フランジ
	水道用バタフライ弁	JWWA B 138	200～1,500	立形　横形　フランジ
	水道用大口径バタフライ弁	JWWA B 121	1,600～2,600	フランジ
	水道用急速空気弁	JWWA B 137	25	ねじ込み
	〃	〃	75, 100, 150, 200	フランジ
	水道用地下式消火栓	JWWA B 103	75	単口　フランジ
	〃	〃	100	双口　フランジ
	水道用ボール式単口消火栓	JWWA B 135	75	フランジ
	水道用補修弁	JWWA B 126	75, 100	ボール弁　バタフライ弁　フランジ
	水道用歯車付仕切弁	JWWA B 131	600～1,200	立形　フランジ
	〃	〃	400～1,500	横形　フランジ

出典：『水道施設設計指針 2012』、日本水道協会、2012

の固定化など必要な対策を講じるべきである。

付属設備は、それぞれ材料、製造方法、規格寸法、強度及び内外面塗装を異にするものであるが、衛生性も考慮して、選定に当たっては配水管と同様に「技術的基準を定める省令」を満たすものを使用しなければならない。消火栓など水と接触する面積が著しく小さいものは浸出基準の適用除外とされているが、「技術的基準を定める省令」の浸出基準を満たすものの使用が望ましい。付属設備の主な規格には**表５－２**がある。

バルブは、水量・水圧の調整や断水、配水区域の設定などのために必ず設けなければならない。また、断水など給水への影響をできるだけ小規模な範囲にとどめるために、適正な数のバルブが設置されていなければならない。

水道用仕切弁は、遮断用や放流用に使用され、ダクタイル鋳鉄製への規格変更以前のものも多数設置されており、手動操作での開閉頻度が高いが、無理に開閉すると故障の原因となるので、操作は慎重に行わなければならない。特に、ソフトシール仕切弁の止水部には、ゴムが使用されているため、全閉時に一般の仕切弁のような明確な手応えが感じられない。従って、操作に際し、過剰な力を加えてバルブを破損させないように注意することが必要である。

水道用仕切弁の操作と維持管理上の留意点を次に記す。

①キャップの開閉方向は顎の有無で判断し、回転トルクに留意して操作する。

②グランドパッキンの変形による漏水に留意する。

③過大な力での操作は、弁体の変形や弁箱の破損に繋がる。

送配水施設の維持管理において、管路情報の管理ツールとしてGISシステムを整備している事業体が多いが、付属設備の情報まで活用している所は多くない。しかし、維持管理の効率化に向けては、全閉や中間開度で使用しているバルブの誤操作防止のために、管理番号・回転方向・回転数などの開度状況を知ることが出来るようなシステムにしなければならない。

配水管網の機能の適正な分析には、机上の管網計算結果と実測値との乖離を把握し精度の向上を図ることが重要であり、時刻を合わせて多点で実測した流量や水圧、水質情報の時系列分布を管理図上に表示して可視化すると、正確な管路状態の現状把握が可能となる。さらに、アセットマネジメントの策定に向けた現状評価（ミクロマネジメント）の効果的な実施に当たっては、それら測定結果をGISシステムの属性情報として蓄積し、分析することが有効である。なお、データの関連付けを容易にするためには、消火栓や空気弁などの付属設備にも、弁栓番号を付与しておくことが望ましい。

付属設備は、管路と一体となり、設置後長期にわたり使用されることから、送配水施設の適正な機能を確保するためには、常日頃の点検調査と整備が求められる。

バルブは構造的に比較的堅牢な機器であるが、その利用目的や重要度を勘案した点検整備が必要であり、故障が発生した場合には原因を把握し、再発防止に努めることが重要である。非常時においても正常な機能を発揮させるためには、日常点検、定期点検、精密点検の実施と整備が必要である。

5.1.5　漏水防止

水道管路は地中に埋設され、目視による点検調査が不可能であるため、水量確保と水質保持を主目的として、漏水が発生しないような管路施設を整備している。

漏水防止は、高い費用や労力、時間をかけて浄水した水の浪費を防ぎ、出

表５－３　配水量分析表

区分	内容
総配水量	配水管の始点での流量の合計
有効水量	料金化された水量等、使用上有効な水量
有収水量	水道料金等として収入のある水量
料金水量	料金収入の基礎となった水量
その他	他会計などから収入のある水量
無収水量	使用上有効だが料金化されない水量
メーター不感水量	メーターで計量した水量と実水量との差
局事業用水量	水道庁舎使用量や管洗浄等に使用された水量
その他	収入は無いが、消火水量、公園用水量、公衆便所用水量等
無効水量	漏水など有効に使用されなかった水量
漏水量	配水管と水道メーター上流側の給水管で漏水した水量
減額調定水量	赤水、宅内漏水等のため減額の対象となった水量
その他	その他の無効あるいは不明水量

水不良や道路陥没、交通事故及び家屋浸水などの２次的な災害を抑止し、工事断水など管内圧力の低下時に汚染水の浸入による水質事故を防止するために行わなければならない。漏水防止対策の効果的な実施に際しては、配水量の利用状況を把握することが重要である。**表５－３**に示す配水量分析は、配水場から送られる水がどのように使用されたのかを分類したもので、漏水防止対策を立案するための基礎となる指標である。配水量分析の考え方及び用語の定義は、「水道の漏水防止対策の強化について」（各都道府県衛生主管部（局）長あて厚生省環境衛生局水道環境部水道整備課長通知、昭和五一年九月四日環水第七〇号）の中で規定された。その通知内容は、新たな水資源開発の困難性と水資源有効利用の観点に加え、漏水防止に関する技術も向上していることをかんがみ、漏水防止対策についてさらに高い目標を設定し、これを達成していく必要があるとしている。また、具体的な対応としては、現状の配水量に対する有効水量の比率を、早急に90％に達するよう漏水防止対策を進めること。さらに、現状の有効率が90％以上の事業にあっては、95％程度の目標値を設定することが望ましいものであることとされた。時期を同じくして、水道事業体の計画立案と実施に寄与するための指針の作成について、水道整備課長から日本水道協会長あてに策定の依頼が出され、1977年11

月に発行された「漏水防止対策指針」にもとづいて実施するよう求めている。

2004年6月策定の水道ビジョンの環境・エネルギー対策の強化に係る方策の中で、地球温暖化対策や廃棄物減量化、健全な水循環系の構築など環境問題の重要性を考慮し、有効率の目標を大規模事業体では98%以上、中小規模事業体では95%以上とするといった施策目標を掲げている。

上水道における総配水量とそれに対する有効水量の比率（以下「有効率」）などの指標の推移を**図5－10**に示す。高度経済成長に伴う急激な水道ブームに伴い水道普及率が90%を超えた1975年までは、総配水量の伸びに対応するための配水管路の面的な新設整備の効果が現れ、有効率については年間平均で約0.8ポイント上昇していた。しかし、有効率が90%以上となった1995年以降は対策の効果が鈍化し、管路の老朽化が進む近年にあっても、有効率の改善が見られない。

厚生労働省の新水道ビジョン（2013年3月策定）では、給水サービスの向上の観点から給水形態の見直しが指摘されており、今後はさらなる高層への直結給水の導入が見込まれる。漏水量は配水圧力に比例して増大することから、水圧の増強と圧力変動に対応した漏水対策が重要な課題となっており、近年の漏水発見効率の低下にも対抗できる効果的な漏水防止計画の策定が求められている。

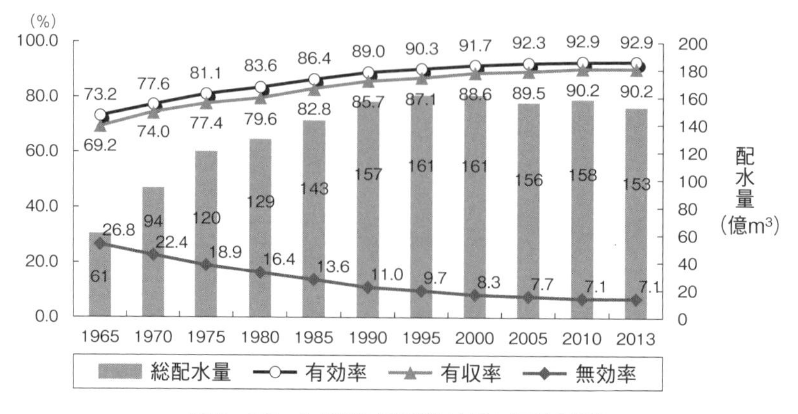

図5－10　上水道の年間総配水量と指標の推移

漏水防止計画の策定は、総合的見地から漏水防止の目標値を設定し、長期（10年）または中期（３年、５年）計画を策定することが望ましい。漏水防止対策は、**表５－４**に示す基礎的対策、対症療法的対策及び予防的対策の３つに大別できる。

『横浜水道百年の歩み』によると、明治４年から建設された木樋水道では，漏水事故が多発したため取水量の約半分程度の量の配水しか出来ず、水量不足から疫病や火災への対応が十分でなかったことを教訓とし、近代水道の創設時には、市内配水管の主要分岐部36ヵ所にデーコン式（微分）漏水計量器を設置して配水区域内の水量監視を行い漏水防止に備えたと記載されている。当時においても漏水防止対策が重要な課題となっていたことがわかる。

水道管路から漏水がある場合には、連続した漏水音が発生する。漏水有無の判定や位置決定は、その音圧レベルを利用して探知するものである。漏水音は、発生点から伝搬するにしたがって減衰する。その到達距離は、金属管では長く、非金属管では短い。また、口径が大きくなるにつれ伝播距離は著しく減少する。

音聴棒は、人の耳で漏水音を感知するもので、簡便で安価に漏水音を捉える機器として従来から広く用いられている。音聴棒は漏水位置の決定をするものではないが、金属の棒に振動板を取り付けた構造を持ち、水道メーターや管路の付属設備に先端を接触させて、漏水の有無を耳で判定する。漏水探

表５－４　漏水防止対策と具体的施策

対　策	項　目	具体的施策
基礎的対策	準備	施工体制の確立、図書・機器類の整備
	基礎調査	配水量・漏水量・水圧の把握
	技術開発	管および付属設備の改良、漏水発見法・埋設管探知法・漏水量測定法の開発
対症療法的対策	機動的作業	地上（道路）漏水の即刻修理
	計画的循環作業	地下（潜在）漏水の早期発見と修理
予防的対策	他工事立会い	管路の巡視・立会い
	配・給水管の改良	布設替、給水管整備、腐食防止
	水圧調整	管網整備、ブロック化、減圧弁の設置

出典：『水道維持管理指針 2006』、日本水道協会、2006

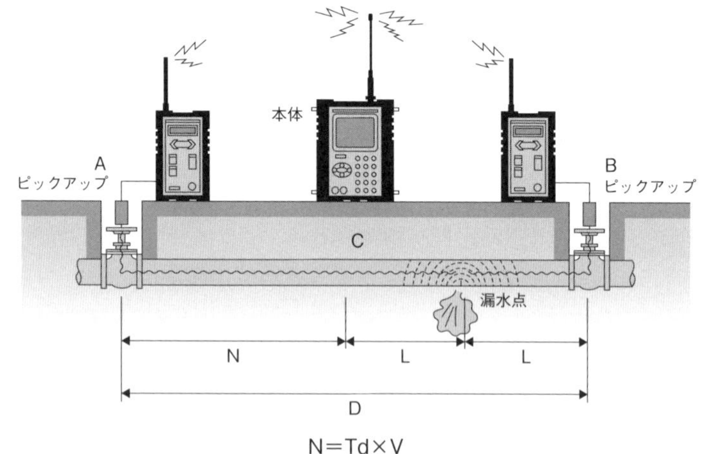

N＝Td×V
L＝D－N2
Td：遅延時間(ms)　※1ms＝11000秒
V：漏水音の伝播速度(m/ms)
L：センサーＢから漏水点までの距離(m)
D：AB間の距離(m)

出典：『漏水防止マニュアル 2012』、水道技術研究センター、2012

図５－11　相関式漏水探知器

知器は、漏水音を電気的に増幅して漏水の有無とそのポイントを判断するための機器である。地上に置いたピックアップセンサーで漏水音を検出し、その信号音を増幅してヘッドフォンで判断する。ただし、疑似音（漏水以外の騒音）との判別には熟練が必要であり、漏水調査は疑似音の影響を受けない夜間作業が中心であった。

その後、国の指導により1977年に漏水防止対策指針が策定され、効果的な漏水調査機器が必要となったことから、聴覚に代わって機器による漏水位置の特定が可能な調査機器が開発され、有収率向上に大きく貢献した。**図５－11**に示す相関式漏水探知機は、漏水位置の判定に適したもので、特別な熟練や技術を必要とせず操作が簡単な漏水探知器である。漏水音が伝播している管路上の２ヵ所の測定点にピックアップ（センサー）を設置し、漏水点から発生した漏水音が、それぞれのピックアップに到達する時間差を測定することにより、ピックアップから漏水点までの距離を計算する。漏水点を正確に探知するには、管路間の距離と口径、材質データが必要である。

漏水量や発見件数の減少に伴い漏水調査の費用対効果が低下してきている。すなわち、徹底的な漏水管理が進むと地上漏水が減り漏水率は比較的低くなるが、潜在（地下）漏水の小規模化にも起因して、同等の費用をかけても今まで以上の漏水率の好転は得られなくなってくる。そのため近年においては、これまで実施してきた漏水対策について組織を含めて縮小し、通報によるものなど簡単に発見できる地上漏水のみを対象に修理する事業体もある。しかし、漏水は一度修理しても時間の経過と共に、必ずその近隣で新たな漏水が発生する。この現象を漏水の復元と呼んでいる。漏水は、管路材質の老朽化や環境変化により必ず復元現象が生じることから、予防的対策に重点を置いた漏水管理を持続して実施していくことが必要である。

漏水防止効果を向上させるには、早期発見によりいち早く修理を実施することが基本であるが､漏水を未然に防止する予防的対策の実施が有効である。老朽化した管路の更新は予防保全として有効な手段であるものの、すべての管路の取り替えには莫大な費用に加え相当の期間を要するため、更新が完了するまでの間は日常の維持管理が必要となる。日々の漏水管理に有用な方策のひとつに、管路状態の監視が挙げられる。

管路の健康診断として、ロギング可能なセンサーを付属設備に設置し、連続測定したデータを蓄積し分析することにより、管路の健全性の評価が可能となる。GISの管路情報とこれら監視データの連携による可視化は、効果的な漏水調査計画の策定に有効なツールとなり、大規模な事故リスクの最小化が図れる。**図５－12**に、音圧センサーを搭載したロガーを管路の弁栓などへ設置し日々測定される音圧値のトレンドを、GISと連携させたシステムの活用事例を示す。ロガーに記録された動的データ（リアルタイムで変更される連続的な情報）の経時変化により異常発生の可能性を判定し、その結果をGIS上に反映させたものである。キーポイントとなる管路を選出して設置することで漏水調査路線の選別に有効となる。加えて、管路状態を定量的に把握することが可能となるため、既存の漏水調査工法で課題となっていた漏水

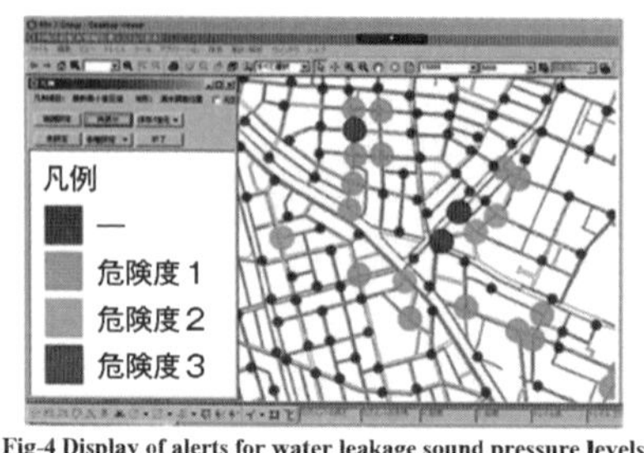

Fig-4 Display of alerts for water leakage sound pressure levels

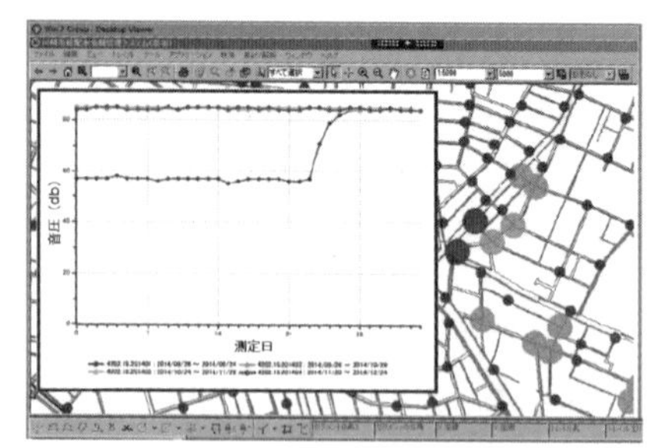

Fig-6 Time series variation of water leakage sound pressure values

図５－12　音圧レベルによる危険度表示、音圧値の時系列変化表示

の復元現象も捉えることが出来る。

実測した連続データを利用し給水エリア全体の水圧変動を再現した水位等高線図の表示を**図５－13**に示す。配水管延長約3,000kmの給水エリアにおいて、300ヵ所の測定点を抽出して水圧測定機器を配置し採取した、10秒周期での３日間の連続的な実測データをGISに取り込み、時系列で表現したものである。配水池の周辺は常時水圧が高いものの、管網計算の結果とは異なり、給水エリア中心部には目標とする水圧が届いていないことがわかる。また、

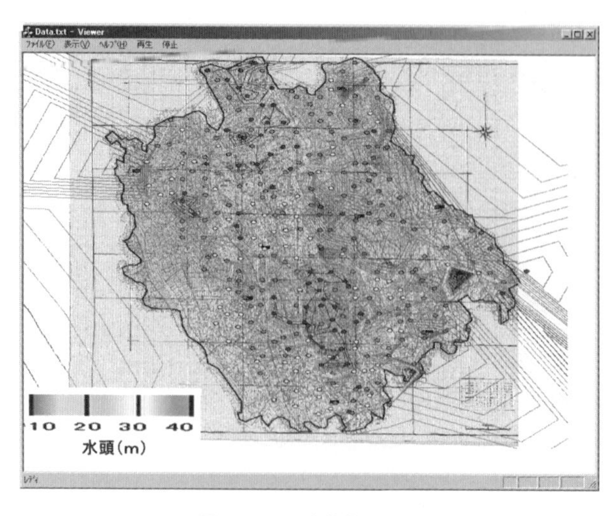

図５－13　水位等高線図

ウォーターハンマーの発生地点とその影響範囲も確認可能である。

漏水量は配水圧力に大きく左右されることから、漏水防止対策の実施には現状把握が重要であり、漏水調査の重点的実施エリアのスクリーニングに不可欠である。また、水圧の均等化による漏水量低減効果の分析に加え、水圧変動による管路のダメージの抑制に利用できる。従って、管網の要所における水圧動向の時系列監視は、漏水制御のみならず水運用や更新計画の観点からも有意義なツールである。

2　管路システム

5.2.1　パイプの種類

日本の近代水道が創設されたとき、管路システムのパイプには、ヨーロッパから輸入された鋳鉄管が使用されていた。国内では鋳鉄管を製造することができず、輸入品に頼らざるを得ない状況であった。その後、鋳鉄管が国産化されると共に、さまざまな管種が開発され水道管に使用されるようになった。現在、水道管の中でもとくに配水管で使用される主な管種の特徴を**表5－5**に示す。

配水管など水道管の法定耐用年数は、地方公営企業法の施行規則で40年と定められている。実際の耐用年数は、これよりも長く100年近く使用されることもある。その間、圧力のかかった水道水を、漏らさず、水質を保持して送り続けるため、水道管に用いられるパイプには、管体強度、耐久性、耐食性、地震時の地盤変位への順応性などが求められる。

浄水場や配水池から水道利用者に至る膨大な距離の水道管が一ヵ所でも破損すると、破損箇所より下流の水道利用者には水道水が届かなくなる。とくに地震発生時の水道には消火用水の役割が重要となるため、水道管は地震発生時においても確実に水を届ける機能を有していなければならない。

表５－５　配水管に使用する主な管種の特徴

材質別	長所	短所
ダクタイル鋳鉄管	(1)管体強度が大きく、靭性に富み、衝撃に強い。 (2)耐久性がある。 (3)K、T、U形等の柔構造継手は、継手部の伸び、屈曲により地盤の変動に順応できる。 (4)NS、S、SⅡ、US形等の鎖構造継手は、柔構造継手よりも大きな伸縮に対応でき、更に離脱防止機能を有するので、より大きな地盤変動に対応できる。 (5)施工性が良い。	(1)重量は比較的重い。 (2)継手の種類によっては、異形管防護を必要とする。 (3)内外の防食面に損傷を受けると腐食しやすい。 (4)K、T、U形等の柔構造継手は、地震時の地盤の液状化や亀裂等の地盤変状により伸縮（伸び）量が限界以上になれば離脱する。
鋼管	(1)管体強度が大きい。靭性に富み、衝撃に強い。 (2)耐久性がある。 (3)溶接継手により一体化ができ、地盤の変動には管体の強度及び変形能力で対応する。地盤変動の大きいところでは、伸縮継手の使用又は厚肉化で対応できる。 (4)加工性がよい。 (5)防食性の良い外面防食材料（ポリウレタン又はポリエチレン）を被覆した管がある。	(1)溶接継手は、専門技術を必要とするが、自動溶接もある。 (2)電食に対する配慮が必要である。 (3)内外面の防食面に損傷を受けると腐食しやすい。
ステンレス鋼管	(1)管体強度が大きい。靭性に富み、衝撃に強い。 (2)耐久性がある。 (3)耐食性に優れている。 (4)ライニング、塗装を必要としない。	(1)溶接継手に時間がかかる。 (2)異種金属との絶縁処理を必要とする。
硬質ポリ塩化ビニル管	(1)耐食性に優れている。 (2)重量が軽く施工性がよい。 (3)内面粗度が変化しない。 (4)RRロング継手は、RR継手よりも継手伸縮性能が優れている。	(1)管体強度は金属管に比べ小さい。低温時において耐衝撃性が低下する。 (2)熱、紫外線に弱い。 (3)シンナー類等の有機溶剤により軟化する。 (4)継手の種類によっては、異形管防護を必要とする。
水道配水用ポリエチレン管	(1)耐食性に優れている。 (2)重量が軽く施工性がよい。 (3)融着継手により一体化でき、管体に柔軟性があるため地盤変動に追従できる。 (4)内面粗度が変化しない。	(1)管体強度は、金属管に比べ小さい。 (2)熱、紫外線に弱い。 (3)有機溶剤による浸透に注意する必要がある。 (4)融着継手では、雨天時や湧水地盤での施工が困難である。 (5)融着継手の接合には、コントローラや特殊な工具を必要とする。

出典：『水道施設設計指針2012』、日本水道協会、2012

表5－6　管種・継手ごとの耐震適合性

管種・継手	配水支管が備えるべき耐震性能	基幹管路が備えるべき耐震性能	
	レベル1地震動に対して、個々に軽微な被害が生じても、その機能保持が可能であること。	レベル1地震動に対して、原則として無被害であること。	レベル2地震動に対して、個々に軽微な被害が生じても、その機能保持が可能であること。
ダクタイル鋳鉄管（NS形継手等）	○	○	○
ダクタイル鋳鉄管（K形継手等）	○	○	注1）
ダクタイル鋳鉄管（A形継手等）	○	△	×
鋳鉄管	×	×	×
鋼管（溶接継手）	○	○	○
水道配水用ポリエチレン管（融着継手）注2）	○	○	注3）
水道用ポリエチレン二層管（冷間継手）	○	△	×
硬質塩化ビニル管（RRロング継手）注4）	○	注5）	
硬質塩化ビニル管（RR継手）	○	△	×
硬質塩化ビニル管（TS継手）	×	×	×
石綿セメント管	×	×	×

注1）：ダクタイル鋳鉄管（K形継手等）は、埋立地など悪い地盤において一部被害はみられたが、岩盤・洪積層などにおいて、低い被害率を示していることから、良い地盤においては基幹管路が備えるべきレベル2地震動に対する耐震性能を満たすものと整理することができる。

注2）：水道配水用ポリエチレン管（融着継手）の使用期間が短く、被災経験が十分ではないことから、十分に耐震性能が検証されるには未だ時間を要すると考えられる。

注3）：水道配水用ポリエチレン管(融着継手)は､良い地盤におけるレベル2地震(新潟県中越地震)で被害がなかった（フランジ継手部においては被害があった）が、布設延長が十分に長いとは言えないこと、悪い地盤における被災経験がないことから、耐震性能が検証されるには未だ時間を要すると考えられる。

注4）：硬質塩化ビニル管（RRロング継手）は、RR継手よりも継手伸縮性能が優れているが、使用期間が短く、被災経験もほとんどないことから、十分に耐震性能が検証されるには未だ時間を要すると考えられる。

注5）：硬質塩化ビニル管（RRロング継手）の基幹管路が備えるべき耐震性能を判断する被災経験はない。

備考）○：耐震適合性あり

×：耐震適合性なし

△：被害率が比較的に低いが、明確に耐震適合性ありとし難いもの

厚生労働省：「管路の耐震化に関する検討会報告書（平成19年3月）

備考）地震動は、対象施設の設置地点で発生するものと想定される地震動のうち、供用期間中に発生する可能性が高い地震動をレベル1、最大規模の地震動をレベル2と定義している。

出典：『水道施設設計指針2012』、日本水道協会、2012

地震時の水道管の被害率は、地震の強さ、地盤の種別、液状化が起きたかどうか、管種や口径によっても変わる。東日本大震災時の管種別被害率を**図5－14**に示す。また、阪神淡路大震災や東日本大震災時の被害率の報告例を検証して、**表5－6**に示す管種や継手ごとの耐震適合性が示されている。

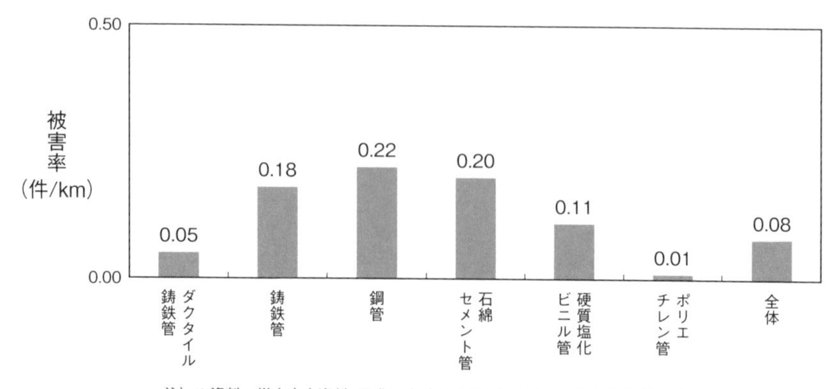

注）※資料：災害査定資料、平成21年度の水道統計および簡易水道事業年報。
※ダクタイル鋳鉄管については継手形式別の被害率の算出が可能。
耐震継手の被害率は0.00箇所/km、耐震継手以外の被害率は0.06箇所/km。

出典：『東日本大震災水道施設被害状況調査 最終報告書』、厚生労働省健康局水道課、2013

図5－14　管種別被害率

5.2.2　総延長

水道の普及率は約98％に達し、全国に水道管が張り巡らされており、その総延長は60万kmに及ぶ。地球一周４万km、月までの距離38万kmと比較すると、その延長は膨大な距離であることがわかる。

水道管を構成する管種の推移は**図５－15**に示すように、変化してきている。石綿セメント管は、軽くて施工しやすく、価格も安いことから、1955～1970年頃には非常に多く使用されていたが、経年化に伴い供用中の石綿セメント管の強度が低下し、漏水事故などにつながる破損事故が多くなったことなどから、1985年頃からは使われなくなり、新管種への布設替えが進んだ。また、水道創設時から1965年頃まで使用されてきた鋳鉄管も、老朽化と耐震化の観点から布設替えが進んでいる。ダクタイル鋳鉄管や鋼管に加え、小口管の配水管や給水管ではポリエチレン管や硬質塩化ビニル管等の合成樹脂管も使われている。

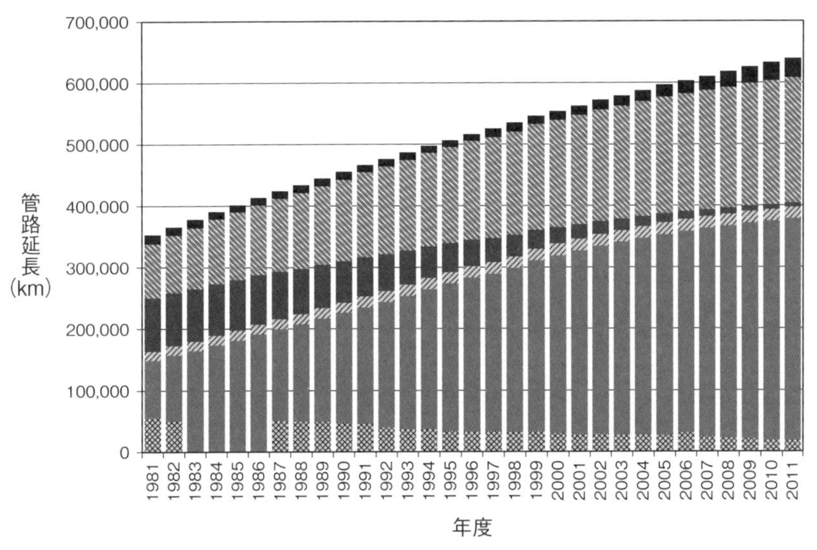

注）1983～86年、鋳鉄管はダクタイル鋳鉄管に含めて集計

出典：『水道統計総論』、日本水道協会、1981～2011

図5－15　水道管の管種別延長の推移（上水道＋用水供給）

5.2.3　面的拡張整備から維持管理の時代へ

新しく水道を普及させる面的拡張整備の時代には、普及するエリアや地区の水道利用者の水需要を予測し、必要となる水道管の口径と配置を管網計算で求め、適正な時期に建設していくことが求められた。水道利用者の契約は水需要予測の通りに進まないこともあるが、使用される管材料は新しく、管網計算で実態に近い水圧や流量を机上の計算で求めることができた。しかし、維持管理の時代に入ると、水道管の機能低下は、埋設環境や配水状況に影響を受けるため、箇所ごとにその進行に差異が生じるようになる（**図5－16**）。こうした水道管の供用中の機能低下は、机上の推定だけでは予測することが難しく、構成する路線ごとの管路情報（布設年、管種、口径、土被り）

や日々の維持管理で得られる情報（水圧、水質、修繕履歴など）を蓄積して基礎データとすることが求められる。

地上の施設と同様に水道管も維持管理を行うことが必要である。水道管は地下に埋設されているため、作業範囲は限定されるものの、代表的な維持管理としては、漏水調査と修繕、バルブ類のメンテナンス、管末での排水や洗管作業などがある。こうした維持管理作業は、水道管の機能回復が直接的な目的であるが、作業履歴を系統的かつ定期的に記録をとり過去の記録と比較できれば、水道管の経時的な機能劣化を把握することも可能となる。こうした情報の蓄積には、**図５－17**のように水道管の維持管理作業を支援するGIS（地図情報技術）のシステムを活用することで作業の効率化を図りつつ、情報も蓄積される方法が理想的である。

人口減少や節水型機器の普及による水需要の減少が進むと、水道管での水道水の滞留時間が増加し、水道管の末端で残留塩素濃度が低下する。さらに、昭和40年ごろまでに建設された経年水道管の中には、内面にライニングが施工されておらず錆こぶが付着している鋳鉄管もあり、こうした無ライニングの管の内面では、残留塩素濃度の減少が速い。滞留時間の増加と組み合わさると、水道管の末端での残留塩素濃度の保持がますます難しくなる。

維持管理の時代のコンピューター解析技術としては、**図５－18**のように、管網計算により水圧と流量を推定する水理評価だけではなく、残留塩素濃度などの管網水質の分布を計算する水質評価、病院や学校などの緊急時の給水拠点への配水ルートを特定する重要度評価、現地サンプル調査結果にもとづ

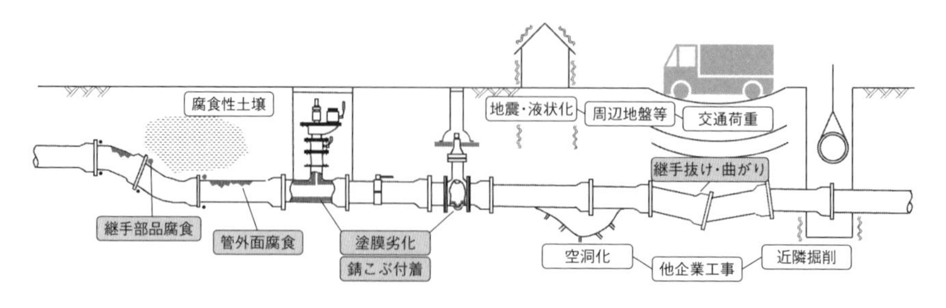

図５－16　埋設環境や配水状況による水道管の機能低下（古い鋳鉄管の事例）

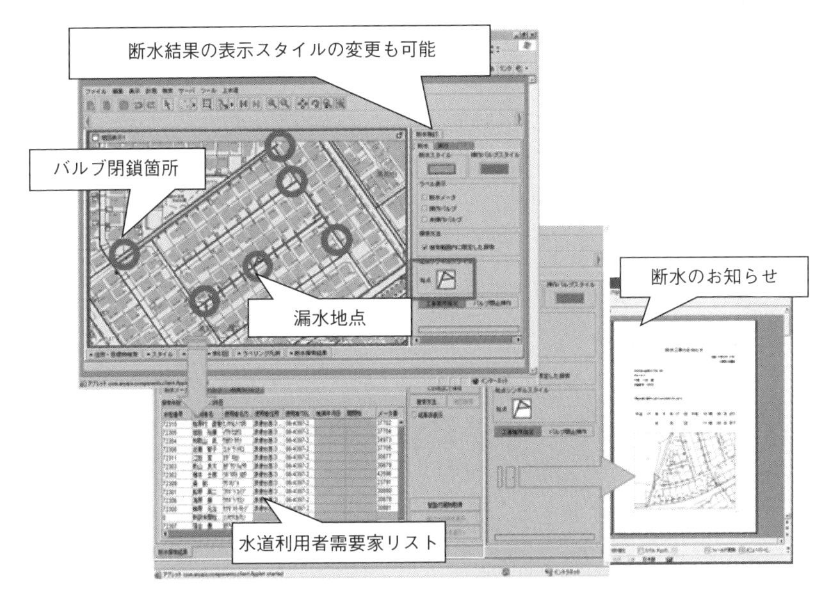

図５－17　GIS（地図情報技術）の活用による効率的な維持管理の事例

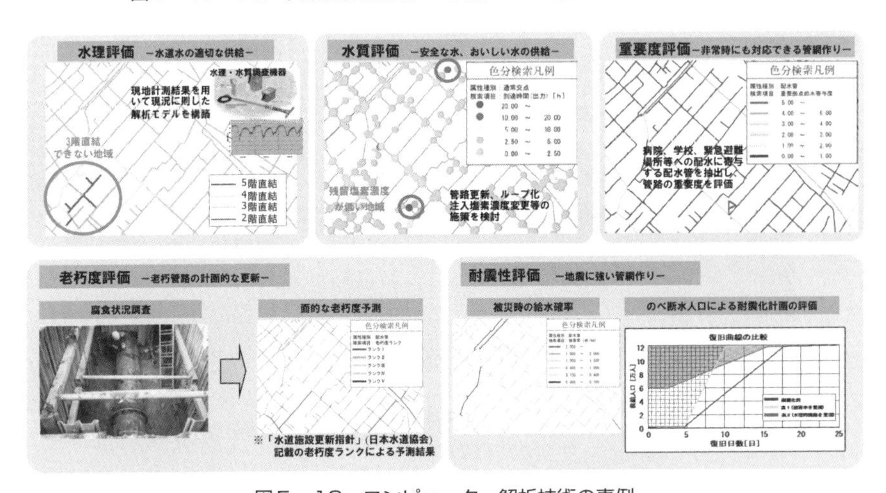

図５－18　コンピューター解析技術の事例

き管網全体の老朽度を推定する老朽度評価、地震時の給水状況や復旧過程をシミュレーションする耐震性評価など、水道管に求められる多様な機能を評価する技術が活用されるようになってきている。

膨大な延長に及ぶ水道管の機能劣化では、埋設環境や配水状況の影響により場所ごとの差異を把握し、水理、水質、重要度、老朽度、耐震性などの機能を総合的に評価するため、こうしたコンピューター解析技術を活用して見える化を図ることが、適切な対策を立案する上で重要となっている。

5.2.4　管にも寿命

水道管にも寿命がある。常に水圧がかかり水質を維持しながら水道水を輸送している水道管も何らかの機能低下を起こし、役割を終える。とくに水道管は地下に埋設されているため、破損や漏水の拡大は把握しにくく、バルブを止めるまでは破損した箇所にも水が送り込まれるため、漏水による地上施設への浸水など二次被害を伴う大規模な事故につながる危険性がある。また、漏水箇所から噴き出した水が周囲の砂を巻き込み、**図5－19**に示すように、近接するガス管に当たって穴を開けるサンドブラスト現象による破損事例も報告されている。

水道管の大規模事故は、断水など水道利用者の生活や事業活動に影響を与えるだけでなく、**図5－20**に示すように、出水した大量の水が、道路、鉄道、周辺の建物に甚大な被害を及ぼす。

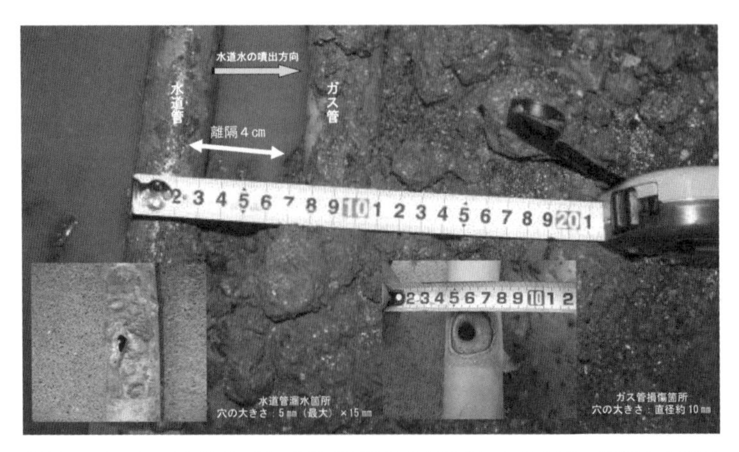

図5－19　サンドブラストによるガス管の破損事例、写真提供：横浜市水道局

図５－20　管の破損による道路冠水の事例、写真提供：堺市上下水道局

海外においても、漏水事故をはじめとする水道管劣化の問題点への対策には関心が寄せられている。一例として、米国水道協会（ＡＷＷＡ）のマニュアル（Rehabilitation of Water Mains Third Edition, AWWA,2014年）では、以下の問題点があるときに、水道管の更新や更生の対策が必要であると述べている。

①水質面の問題：水道利用者に届く管網末端の給水水質の改善が必要なとき
②水理面の問題：水道管の配水能力の増強が必要なとき
③構造面の問題：漏水量を削減し、漏水補修頻度を下げ、施設損傷のリスクを減らし、信頼性の回復が必要なとき

わが国では、こうした重大な破損事故などが発生する前の適切な時期に水道管の更新を進め、予期せぬ突発事故を防ぐことが、水道事業経営上の重要な課題となっている。また、水道事業体が長期的な水道管更新計画やアセットマネジメントを行うためにも、管種や埋設環境ごとの標準的な使用年数を**表５－７、表５－８**に示すように設定しておくことが一般的になってきており、設定した年数を公表することも多くなっている。

表５－７　大規模水道事業体が公表している水道管の標準的な使用年数の例

団体名（標準的な使用年数の呼称）	管種	水道管の標準的な使用年数	出典
札幌市水道局（更新基準年数）	高級鋳鉄管	０年（即更新）	平成25年水道研究発表会、講演集、日本水道協会、H25.10
	ダクタイル管（ポリエチレンスリーブなし）		
	：腐食性土壌・軟弱地盤多い	40年	
	：腐食性土壌・軟弱地盤少ない	60年	
	ダクタイル管（ポリエチレンスリーブあり）	80年	
川崎市上下水道局（更新サイクル）	ダクタイル管（NS継手）	60年	日本水道新聞　H21.7.2
横浜市水道局（想定耐用年数）	ダクタイル管（ポリエチレンスリーブあり）	80年	第３回新水道ビジョン策定検討会　H.24.3.26、資料－6住民等との連携（横浜市の取組事例）
	ダクタイル管（ポリエチレンスリーブなし）	70年	
	鋼管	60年	
	ビニルライニング鋼管	40年	
	耐衝撃性硬質塩化ビニル管	40年	
	鋳鉄管（モルタルライニングあり）	50年	
	鋳鉄管（モルタルライニングなし）	40年	
	その他（ビニル管、ポリエチレン管、亜鉛鍍鋼管）	40年	
名古屋市上下水道局（目標耐用年数）	ダクタイル管（ポリエチレンスリーブあり）	60年～80年	水問題研究所、技術講習会資料、H27.2.3
	ダクタイル管（ポリエチレンスリーブなし）	40年～60年	
大阪市水道局（使用可能年数）	ダクタイル管（腐食性土壌）	65年	平成26年水道研究発表会、講演集、日本水道協会、H26.10
	ダクタイル管（一般土壌）	100年	
	ポリエチレンスリーブ装着で20年程度の延伸を想定		
神戸市水道局（耐久性）	ダクタイル管（内面粉体、ポリエチレンスリーブあり）	100年以上	水道公論、Vol.45, No.9, 2009
	ダクタイル管（ポリエチレンスリーブあり）	80年	
	ダクタイル管（ポリエチレンスリーブなし）	60年	
広島市水道局（管種別使用年数）	ダクタイル管（ポリエチレンスリーブなし）		平成25年水道研究発表会、講演集、日本水道協会、H25.10 ※HPPEについては試用期間が短く管種別使用年数を検証するには時間を要する。
	：腐食性が高い地盤、500未満／500以上	40年／60年	
	：一般地盤、500未満／500以上	50年／70年	
	：腐食性が低い地盤、500未満／500以上	60年／80年	
	ダクタイル管（ポリエチレンスリーブあり）		
	：腐食性が高い地盤、500未満／500以上	60年／80年	
	：一般地盤、500未満／500以上	70年／90年	
	：腐食性が低い地盤、500未満／500以上	80年／100年	
	鋼管：腐食性が高い地盤、500未満／500以上	50年／90年	
	：一般地盤、500未満／500以上	60年／100年	
	：腐食性が低い地盤、500未満／500以上	60年／100年	
	SUS	100年	
	HIVP	40年	
	HPPE※	50年※	
福岡市水道局（実耐用年数）	ダクタイル管（良質地盤）	80~100年	水道公論、Vol.45, No.9, 2009
	ダクタイル管（一般的地盤）	60~80年	
	ダクタイル管（腐食性土壌、ポリエチレンスリーブ無）	40~50年	

表5－8　日本水道協会及び厚生労働省が公表している水道管の標準的な使用年数の例

<table>
<tr><th>団体名
（標準的な使用年数の呼称）</th><th>管種</th><th>水道管の標準的な使用年数</th><th>出典</th></tr>
<tr><td>日本水道協会
（耐用年数）</td><td>ダクタイル管耐震継手
ポリエチレンスリーブ等の外面防食対策が施されたもの</td><td>60年以上</td><td>水道施設更新指針、H17.5、日本水道協会</td></tr>
<tr><td rowspan="10">厚生労働省
（実使用年数）注）</td><td>鋳鉄管（ダクタイル管は含まない）</td><td>50年</td><td rowspan="6">注）出典には、水道管の布設環境（地質、土壌の腐食性、ポリエチレンスリーブの有無等）、管種別の布設時期、漏水事故実績等、事業体の実情を踏まえた設定を心がけるよう注釈がある。</td></tr>
<tr><td>ダクタイル管耐震継手
ダクタイル管（K形、良い地盤）
ダクタイル管（上記以外、不明含む）</td><td>80年
70年
60年</td></tr>
<tr><td>鋼管（溶接）
鋼管（上記以外、不明含む）</td><td>70年
40年</td></tr>
<tr><td>石綿セメント管</td><td>40年</td></tr>
<tr><td>硬質塩化ビニル管（RRロング継手）
硬質塩化ビニル管（RR継手等）
硬質塩化ビニル管（上記以外、不明含む）</td><td>60年
50年
40年</td></tr>
<tr><td>コンクリート管</td><td>40年</td></tr>
<tr><td>鉛管</td><td>40年</td><td rowspan="4">アセットマネジメント「簡易支援ツール」参考資料「実使用年数に基づく更新基準の設定例」H26.4</td></tr>
<tr><td>ポリエチレン管（高密度、熱融着継手）
ポリエチレン管（上記以外、不明含む）</td><td>60年
40年</td></tr>
<tr><td>ステンレス管（耐震型継手）
ステンレス管（上記以外、不明含む）</td><td>60年
40年</td></tr>
<tr><td>その他（管種不明を含む）</td><td>40年</td></tr>
</table>

3　給水装置

5.3.1　水道メーター

水道メーターは、水道事業者が給水装置の使用者に貸し付け、その使用料を水道料金の一部として徴収しているが、給水装置システムの観点から給水装置の一部とみなされる。計量された水量は料金算定の基礎となるため、計量法に定められた検定合格品の使用が義務づけられており、検定の有効期間である8年間以内に交換することになっている。

2005年3月30日に特定計量器検定検査規則が改正され、水道メーターなどの特定計量器を検定・検査するための技術基準について、日本工業規格（JIS B 8570-2）によると改められた。改正の目的は、JIS規格の引用によって計量器の技術進歩に速やかに対応すること、国際的な整合化を推進することである。また、技術的な面では「性能の選択制導入」と「計量精度の向上」に大きな特長が見られる。性能の選択制とは、これまでは原則として一つの口径一つの計量特性のメーターしかなかったものが、新JIS規格では、定格最大流量と流量比の組み合わせによる複数の計量特性から選択できることである。この改正に伴い、2011年4月1日以降は、全面的に新JIS規格の水道メーターの使用が義務づけられている。

国内で使用しているメーターは、ほとんどが流速式であり、このうち最も一般的に使用されているのが羽根車式である。羽根車式は、流れている水の速度によって羽根車が回転し、その羽根車の回転速度が流れている水の速度と比例関係にあることを利用して水量を計測するものである（**図5－21**）。

水道メーターの代表例として接線流羽根車式の構造を**図5－22**に示す。この形式のメーターは、計量室内に装置された羽根車を、その接線方向からの水流によって回転させ、通過水量を積算表示するもので、呼び径13の単箱型と呼び径20～40の複箱形とがあり、指示機構部は乾式と湿式がある。

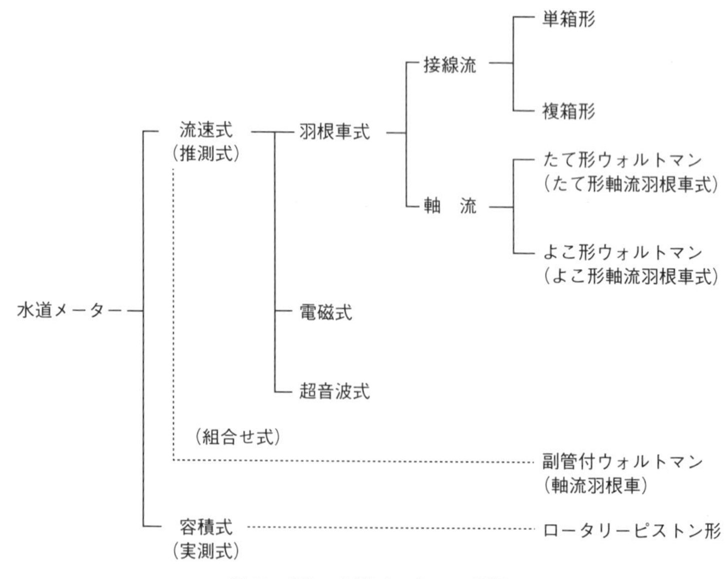

図5－21　水道メーターの分類

水道メーターの検針で使用するハンディターミナル（携帯用検針端末機）は、メーター検針の正確性の向上、料金事務の効率化を目的とした検針システムのひとつであり、小型のコンピューターとディスプレイ、キーボード及びプリンターで構成され、軽量で手で持ち運びできるものである。メーターの指示値をハンディターミナルに入力することにより、使用水量や料金を検針票に自動的に印字したり、メーター誤針や漏水などの異常を検知する機能を備えている。ハンディターミナルに入力された検針値のデータは、専用端末機に接続することによって、ホストコンピューターに自動的に入力することができる。

電気事業では次世代送電網（スマートグリッド）によりスマートメーターの導入が進むが、水道事業においてもその活用が期待されている。特に、使用水量の見える化による生活パターンに応じた料金制度の導入、従来型の検針業務の合理化、電気事業・ガス事業との共通システム化などのメリットが考えられている。

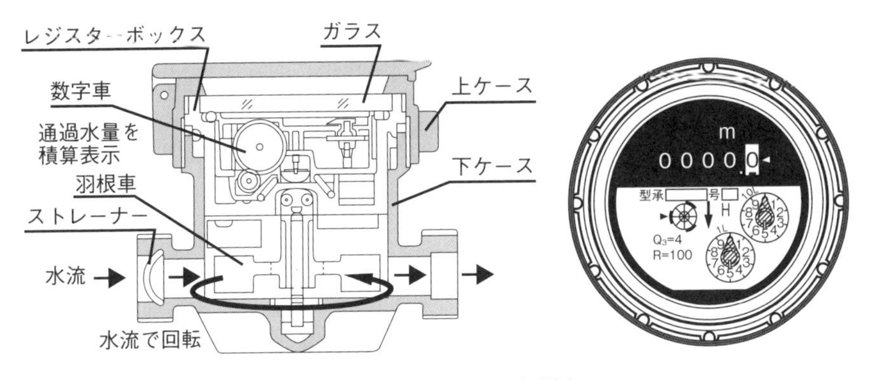

出典：『水道施設設計指針 2012』、日本水道協会、2012

図5－22　水道メーターの構造例（単箱形）（左）と、
メーターの表示例（乾式アナログ・デジタル併用メーター）（右）

5.3.2　給水装置の管理

給水装置は、**図5－23**に示すように、水道施設の一部であるが、水道利用者の費用で設置、管理されている。すなわち、水道利用者の財産である。しかし、水道事業者の配水管に直接接続されていることから、水道施設や供給する水道水の安全を確保するため、水道事業者の関与が必要である。また、水道事業者は給水装置に対して、水質基準に適合する水質を確保する責任を負っている。そのため、水道法では給水装置の構造、材質と給水装置工事について定めている。

水道事業者の配水管から受水槽に給水を受け、受水槽を経て水道水を利用する貯水槽水道についても、水道事業者は供給規程に水道事業者の責任に関する事項を定めることになっており、貯水槽水道の検査を水道サービスの一環として行う傾向にある。

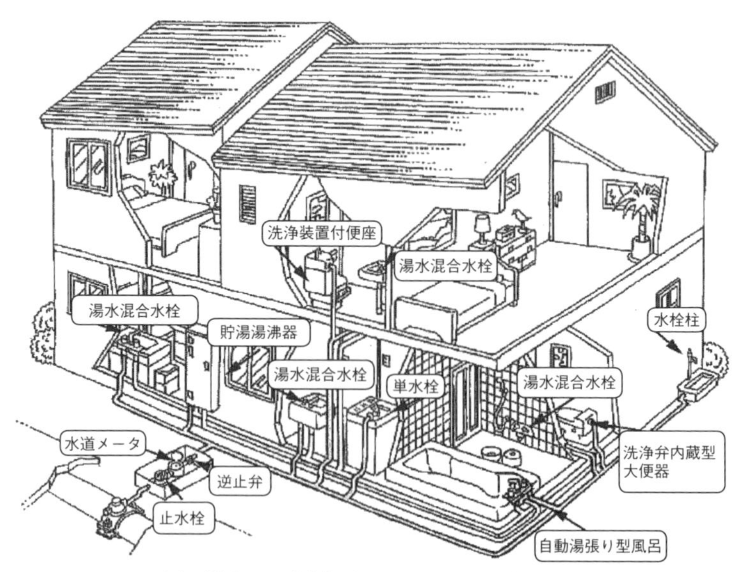

出典：『給水用具の維持管理指針 2004』、日本水道協会、2004

図5－23　給水装置の概念図の一例

給水装置の維持管理については、すなわち宅地内や屋内の配管については、需要者が行うのが一般的である。しかし、**図５−24**に示すように水道事業者は道路内の引込管と主に末端に設置される給水用具については十分な対応が求められる。そのため、水道事業者によっては、公道内の引込管を無償で譲り受けたり、所有は需要者、管理は水道事業者としているところがある。この選択はいずれも可能であるが、無償譲渡は、資産登載やその管理、使用廃止時の撤去工事の施工など水道事業運営上の課題が多い。また、配水管の分岐から給水装置として需要者が維持管理するとしているところでも、実際には漏水の無料修繕範囲を道路内あるいは水道メーターまでとしているところが多く、道路内の漏水による二次災害防止や有収率向上のための漏水防止の観点で水道事業者が維持管理を行っている。維持管理の主体が需要者であれば、老朽化などによる漏水により二次災害が発生し損害が生じた場合の請求の対象者は需要者となるが、公道内の引込管を需要者が管理することは困難であるため、水道事業者が無料修繕を行っているのが実態である。

道路内の給水管の管理に関しては東京高等裁判所による以下の判例がある。この裁判は、公道下の給水管の漏水によるガス管損傷に伴う損害賠償訴

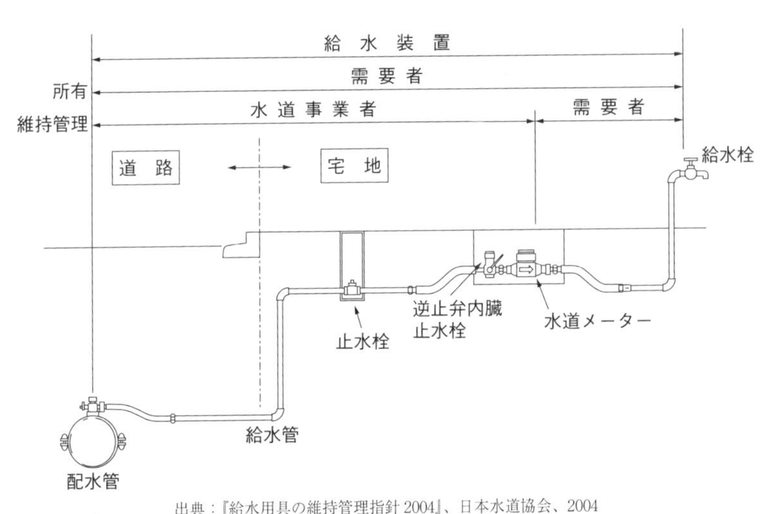

出典：『給水用具の維持管理指針 2004』、日本水道協会、2004

図５−24　給水装置の維持管理範囲の一例

訟控訴審で、その判決の中で２つの見解が示されている。

１点目は、給水管を公の造営物と見るのは、配水管と給水管の機能と役割の違いを無視するものだとして、給水管は公の造営物ではないとの判断が示された。

２点目は、水道局は、給水管の設置場所と埋設時期を把握でき、定期的な漏水調査を実施するとともに、公道下の給水装置の修繕を行っていることなどから、事実上の管理を行っているとして民法第717条の土地工作物責任を負うとされた。なお、公道下の給水管の私人による管理は困難であり、漏水による重大事故など私人に管理責任を負わせるのは酷ないし、適切でないとも指摘している。

給水装置の選択は所有者である需要者の責任に任されているが、給水装置の構造としての安全性、水質面からの安全性を確保するために、政令、省令に構造及び材質の基準が明示されている。安全な水道水の供給責任を負う水道事業者としては、従来、需要者の使用する給水装置の構造及び材質に具体的に関与してきたが、1996年の水道法改正により、水道事業者による使用材料の指定などが廃止され、「給水装置の構造及び材質の基準に関する省令」に使用材料の定量的な判断基準が定められた。水道事業者は需要者の給水装置の構造、材質が水道法施行令第５条及びこの省令の基準に適合しない場合に給水拒否、給水停止することによって水道水の安全性を確保するということが明確化されている。

給水装置の構造及び材質の基準は、水道法第16条にもとづく水道事業者による給水契約の拒否や給水停止の権限を発動するか否かの判断に用いるためのものであり、給水装置が有すべき必要最小限の基準を明確化、性能基準化するという考え方を定めている。これにもとづき「給水装置の構造及び材質の基準に関する省令」は、耐圧、浸出、水撃限界、防食、逆流防止、耐寒及び耐久の７項目の基準で構成されている。なお、この基準は、個々の給水管や給水用具が満たすべき性能要件の定量的な判断基準（性能基準）と給水装置工事の施行の適性を確保するために必要な判断基準（給水装置システム基準）からなっている。また、性能基準適合性を確認する試験方法としては「給水装置の構造及び材質の基準に係る試験」(平成９年４月22日厚生省告示第111号）が示されている。

給水装置に用いる給水管及び給水用具は、給水装置の構造及び材質の基準を満足する製品規格に適合している製品でその証明のあるものを使用しなければならない。この証明については、1996年の水道法改正により、給水装置の構造及び材質の基準が明確化、性能基準化され給水管や給水用具が基準に適合しているか否かの確認が容易になったことから、製造者などが自らの責任で基準適合性を消費者などに証明する「自己認証」を基本としているが、製造者などの希望に応じて行う「第三者認証」が多く使われている。これは、第三者認証のほうがより客観性が高いため、それによる証明を望む製造者などが活用しているものである。現在、第三者認証機関としては、**図５－25**に示すように、公益社団法人日本水道協会、一般財団法人日本ガス機器検査協会、一般財団法人日本燃焼機器検査協会、一般財団法人電気安全環境研究所、(株）ユーエルエーペックスの５機関がある。

給水装置の給水方式には、**図５－26**に示すように、直結式、受水槽式及び、

(1)（社）日本水道協会の認証マーク

(2) その他第三者認証機関の認証マーク

出典：『水道施設設計指針 2012』、日本水道協会、2012

図５－25　第三者認証機関の認証マーク

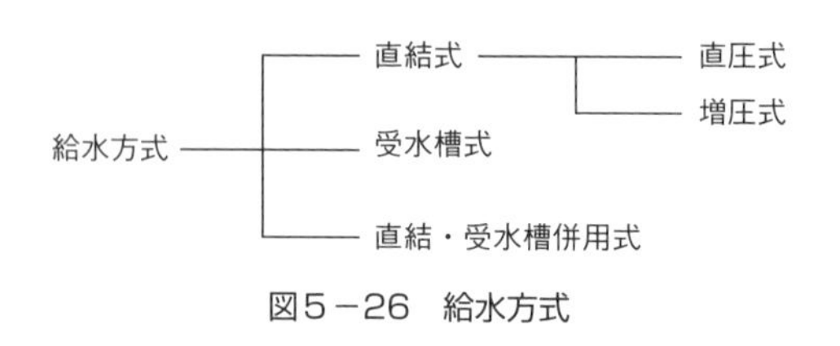

図5－26　給水方式

直結·受水槽併用式があり、その方式は給水栓の高さ、使用水量、使用用途、維持管理、需要者の要望、配水管の整備状況等を考慮し決定している。

直結直圧式は、配水管の動水圧により直結給水する方式である。この方式は、給水サービスの向上を図るため、各水道事業者において、現状における配水管の水圧等の供給能力及び配水管の整備計画と整合させて対象範囲を拡大しており、一般的には３階建てまでとしている水道事業者が多い。

直結増圧式は、給水管の途中に増圧給水設備を設置し、圧力を増して直結給水する方式である。この方式は、給水管に直接増圧給水設備を連結し、配水管の水圧に影響を与えることなく、水圧を加圧して直結給水するもので、これにより受水槽の衛生上の問題解消、省エネルギーの推進、受水槽設置スペースの有効利用など給水サービスの向上を図ることができる。

受水槽式は、水道水を一旦受水槽で受け給水する方式で、配水管の水圧が変動しても受水槽以降では給水圧、給水量を一定に保持することができること、一時に多量の水使用が可能であること、断水時や災害時にも水が確保できることなどの長所がある。一方で、定期的な点検や清掃など適正な管理が必要なことや夏場に水温が上昇することなどは、利用者に水質に不安を感じさせる要因ともなっている。

給水装置は給水管と給水用具で構成されるが、給水管は、道路下の引込管として使われる、宅内の埋設部で使われる、宅内の埋設部以外で使われるなど、用途に応じて**表５－９**に示すように、多くの種類があるため、適切に選択しなければならない。特に道路下の引込管は、水道事業者が実質的に維持管理するため使用材料と配管方法を定めており注意を要する。たとえば、給水管の維持管理性を高めるためにステンレス化を進める水道事業者などがあるが、ステンレス鋼管は強度が高く耐久性に優れるため事故にも強いといっ

表５－９　一般的に使用される給水管の例

金　属　系	規　格	樹　脂　系	規　格
硬質塩化ビニルライニング鋼管	JWWA K 116	硬質塩化ビニル管	JIS K 6742　JWWA K 127
耐熱性硬質塩化ビニルライニング鋼管	JWWA K 140	耐衝撃性硬質塩化ビニル管	JIS K 6742　JWWA K 129
ポリエチレン粉体ライニング鋼管	JWWA K 132	耐熱性硬質塩化ビニル管	JIS K 6776
ステンレス鋼管	JWWA G 115,119	ポリエチレン二層管	JIS K 6762
銅管	JWWA H 101	架橋ポリエチレン管	JIS K 6787
ダクタイル鋳鉄管	JWWA G 113	ポリブテン管	JIS K 6792

表５－10　応急給水資材一覧

分類	資機材名称	備考
車両	給水車、トラック、広報車	給水車は加圧式が望ましいが、上水道用可搬式電動ポンプ等の搭載も有効
保安設備	照明機器、カラーコーン、コーンバー	
給水機材	エンジンポンプ、水中ポンプ、布ホース、燃料タンク、仮設給水栓セット	水中ポンプはエンジン式が望ましい
給水容器	簡易給水槽・仮設水槽、給水タンク、ポリタンク等、ポリ袋、連続式ウォーターパック製造器	給水タンクはトラック仮設用 ポリタンク等は10リットル以下が望ましい ポリ袋は6リットル以下が望ましい
その他	簡易水質検査キット、携帯用残留塩素計、拡声器、携帯電話、携帯ラジオ	

た特長を有している。

給水装置に用いる給水用具とは、給水管に容易に取り外しできない構造として接続し、有圧のまま給水できる給水栓等の給水管に直結する用具のことをいう。一般的な給水用具としては、水栓類の他に、浮球式止水弁（ボールタップ）や湯沸器、浄水器など一般家庭で使用されるもの、逆止弁類、負圧破壊装置類（バキュームブレーカ）、減圧弁など目的に応じて設置されるものなどがある。

給水装置は、水道事業者の配水管と直結し一体となっているため、その構造・材質や施工が不適切であったり、適切な維持管理が行われない場合には需要者が、安全で良質な水の供給を受けられなくなるだけでなく、水が逆流した場合には水道施設の管理や公衆衛生に重大な影響を及ぼすことになる。このため、構造材質基準に適合した適正な給水用具の設置と日常の維持管理を適切に行わなければならない。たとえば、浄水器の定期的な清掃、点検ができていないため、細菌類が検出された事例がある。浄水器は残留塩素を除去するため一般家庭で使用されることが多いが、上記のような水質汚染事故を防ぐための注意が必要である。地震等の災害時には、**表５－10**に示すような応急給水のための資機材が必要になる。応急給水資機材は緊急時以外には使用されないものが多いが、劣化などで緊急時に使用できないことのないよう、定期的な更新や維持管理で緊急時に備えておかねばならない。

給水装置の工事については、需要者の所有となる給水装置の構造、材質が法で定める基準に適合することを確保するため、水道事業者は給水装置工事事業者を指定して、給水区域内の給水装置工事を行うことを認めており、この事業者を「指定給水装置工事事業者（以下、「指定事業者」)」という。また、指定事業者となるためには、必ず「給水装置工事主任技術者（以下、「主任技術者」)」を選任しなければならない。主任技術者は給水装置工事の調査、計画、施工、検査といった一連の工事の全過程について技術上の統括、管理を行い、給水装置工事が材質、構造基準を守って適正に施工されることを担保するための重要な職責を負っていることから、国家資格となっている。

この給水装置工事制度は、1996年の水道法改正により給水装置制度変更の一環として新たに制度化されたものである。それまでは、全国の水道事業者がそれぞれ指定工事店制度を設け、また、独自に業者に対する主任技術者制度や配管技能者制度を設けて給水装置工事の適正施工を確保してきたが、これが閉鎖的、競争制限的であるとのことから、規制緩和の政府方針に従い改正された。

給水装置工事では、水道事業者の配水管から直接分水して給水装置に直結するため、その中の水は水道事業者が配水した水と一体のものとなる。分水工事の施工や給水装置の構造・材質が不適切であれば需要者は安全で良質な水道水の供給を受けられなくなり、公衆衛生上の大きな被害が生ずる恐れがある。このため、給水装置工事は人の生命、健康に直接関わる水道水の衛生に大きく関与しており、施工者である指定事業者には高い信頼性が求められている。また、水道法には指定の手続き、指定の基準等が規定されており、指定事業者でない者の施工した給水装置について、水道事業者は給水を拒否することができるようになっている。

現在の給水装置工事制度は、指定給水装置工事事業者制度と給水装置工事主任技術者制度で成り立っている。指定給水装置工事事業者制度は、需要者の給水装置の構造及び材質が、施行令に定める基準に適合することを確保するため、水道事業者が、その給水区域において給水装置工事を適正に施工することができると認められるものを指定する制度である。指定給水装置工事事業者が行う給水装置工事の技術力を確保するための核となる給水装置工事主任技術者について、国家試験により全国一律の資格を付与することとし、指定給水装置工事事業者について、水道事業者による指定の基準を法で全国一律に定めている。

給水装置工事主任技術者制度では、給水装置工事主任技術者の役割と責任が明確に示されている。ここでは、給水装置工事主任技術者が給水装置工事事業の本拠である事業所ごとに選任され、個別の工事ごとに工事事業者から指名されて、以下に示す調査、計画、施工、検査の一連の給水装置工事業務の技術上の管理などを行わねばならないとされている。

⑴　給水装置工事に関する技術上の管理

⑵　給水装置工事に従事する者の技術上の指導監督

⑶　給水装置工事に係る給水装置の構造及び材質が施行令第５条の基準に適合していることの確認

⑷　給水装置工事に係る次の事項についての、水道事業者との連絡または調整

　①　給水管を配水管から分岐する工事を施行しようとする場合の配水管の布設位置の確認に関する連絡調整

　②　①の工事及び給水管の取付口から水道メーターまでの工事を施行使用する場合の工法、工期その他の工事上の条件に関する連絡調整

　③　給水装置工事を完成したときの連絡

給水装置工事主任技術者は、水の衛生確保の重要性についての認識と給水装置工事の各段階を適正に行うことができるだけの知識と経験を有し、配管工などの給水装置工事に従事する従業員などの関係者間のチームワークと相

互信頼関係の要となるべきものである。

5.3.3 貯水槽水道

給水装置ではないが類似の装置であり、水道事業者がその管理に関与すべきものとして貯水槽水道がある。給水装置は直接水道事業者の水道施設に接続されている装置をいうが、一旦給水栓等から開放され受水槽に貯留された以降の装置は、水道法の規定する給水装置の構造材質基準は適用されず、指定事業者による施工も義務づけられていない。これらは水道事業者の管轄外の装置となり、一般的にはビルなどに設置される装置で建築基準法上の規定が適用される。しかし、この装置でも大規模でかつ生活用途主体の装置は「専用水道」として水道法上の構造材質基準や衛生上の管理義務などの制約を受けている。また、用途にかかわらず受水槽の容量が10m^{3}を超える装置は「簡易専用水道」として水道法で衛生上の管理を義務づけられている。

受水槽以下の装置は、水道事業者でなく衛生行政が所管しているが、特に中小規模のもので設置者の管理が不十分なため、水質面などで不安を抱く住民や利用者が多い。このため2001年の水道法改正により、専用水道の適用を受けるものを除く受水槽以下装置を「貯水槽水道」と規定し、水道事業者が管理に関し一定の関与を行うこととなった。

また、貯水槽水道については、今後とも管理上の問題の完全な解決が難しいことから、近年は直結増圧給水方式を認める水道事業体が増えてきている。これは、中高層建築物に対して、配水管から直結した給水管の途中に増圧設備を設けて給水する方式であり、エネルギーロスが少なく、衛生上の問題も解消される。

貯水槽水道については、設計の不備、施工不良、管理の不備などによる事故が発生しており、全国で年間1千～2千件程度発生すると言われている。たとえば、貯水槽水道のオーバーフロー管の吐水口空間が確保されていなかったことによる雨水、排水等が逆流する事故。学校、リゾートマンションなど、水の使用量が極端に減少する期間に貯水槽の滞留時間が長くなり残留塩素が消失する事故。残留塩素、塩素ガスなどによる配管などの腐食事故。施工、排水などの不良による清掃直後の汚水の残留、貯水槽設置室内の換気不足による異味、異臭の発生、短絡流により発生する滞留域（死水）の腐敗。地下式貯水槽に起因する保守点検、清掃の困難、ピット内の排水ポンプ故障による水槽の水没（水道水以外の混入）。危険な場所に設置されているための清掃請負拒否による定期清掃の不履行。施工不良、保守管理の不備によるマンホール蓋などの飛散、破損（異物の混入）。防虫網の不備による衛生害虫などの発生、混入、FRP水槽における遮光不良による藻類の発生。鋼板水槽などにおける内部腐食による赤水の発生、水槽内錆止め塗料の養生不足によるシンナー臭の発生など、多様な事故事例が報告されている。

貯水槽水道は、飲料水をはじめ、炊事、洗濯、風呂、水洗トイレ、業務用など、種々の用途に給水しており、それぞれに対して清浄な水を十分に供給しなくては、その利用に支障が生ずる。貯水槽水道は水道事業者から供給される水を利用するので、受水槽に流入する時点では水は清浄であると考えてよく、従って、貯水槽水道が外部からの汚染がないように適切な管理が行われれば、清浄な水が利用者に供給される。ただし、受水槽の容量が過大な場合には残留塩素が消費されて細菌が繁殖したり、光を通しやすい水槽では藻が発生するなど、外部からの汚染によらない問題も考えられるので注意が必要である。

貯水槽を適切に管理するためには、専門的立場から管理にあたる「貯水槽水道管理者」を選任することが望ましい。こうした管理者を選任する代わりに、専門的知識を有する貯水槽の清掃事業者や検査機関にその業務を委ねることも考えられる。なお、こうした管理者は、適切な研修を定期的に受講し、貯水槽水道に関する知識を深めることが重要である。

＊　　＊　　＊

【参考文献】

１）『Rehabilitation of Water Mains Third Edition』、AWWA、2014
２）『水道の漏水防止対策の強化について』、厚生省環境衛生局水道環境部水道整備課長通知環水第70号、1976

3）『給水装置の構造及び材質の基準に係る試験』、厚生労働省告示第111号、1997
4）『水道ビジョン』、厚生労働省、2004
5）『水道ビジョンフォローアップ検討会参考資料』、厚生労働省、2007
6）『実使用年数に基づく更新基準の設定例』、厚生労働省、2009
7）『水道事業におけるアセットマネジメント（資産管理）に関する手引き』、厚生労働省、2009
8）『東日本大震災水道施設被害状況調査最終報告書』、厚生労働省、2013
9）『新水道ビジョン』、厚生労働省、2013
10）『水道施設の技術的基準を定める省令』、厚生労働省令第15号、2014
11）『給水装置の構造及び材質の基準に関する省令』、厚生労働省令第15号、2014
12）『消防庁、消防水利の基準』、消防庁告示第29号、2014
13）『漏水防止マニュアル2012』、水道技術研究センター、2012
14）石井琢他、『第10回水道技術国際シンポジウム講演集』、水道技術研究センター、2015
15）『地方公営企業法施行規則』、総務省令第103号、2015
16）『東京近代水道100年写真集』、東京都水道局、1998
17）『漏水防止対策指針』、日本水道協会、1977
18）『給水用具の維持管理指針2004』、日本水道協会、2004
19）『水道維持管理指針2006』、日本水道協会、2006
20）小日向譲他、『第58回全国水道研究発表会講演集』、日本水道協会、2007
21）『水道施設設計指針2012』、日本水道協会、2012
22）『水道統計』、日本水道協会、各年版
23）林哲矢、「名古屋市における内面エポキシ樹脂粉体塗装管の採用」、『ダクタイル鉄管』No.75、日本ダクタイル鉄管協会、2004
24）『横浜水道百年の歩み』、横浜市水道局、1987

第6章

世界の水事情

第6章　世界の水事情

1　安全な水と水資源

安全な水と、し尿の衛生的な処理の恩恵にあずかれない人々が世界には大勢いる。日常生活に必要な水を十分に確保できない状況にある途上国では、女性や子供たちが、遥か遠くにある水源より各々の自宅に水を持ち帰る重労働を日々強いられ、教育や就業の機会を逸していることも多い。安全な水を、誰もがいつでも利用できるようにすることは、基本的人権の確保に等しい。1977年に国連水会議が開催され、1981年から1990年までに安全な水とし尿の衛生処理の恩恵にあずかれない人々を半減しようという国際的な目標が設定された。以来、1992年の国連環境開発会議で採択されたアジェンダ21、2000年の国連ミレニアム・サミットでのミレニアム開発目標（MDGs：Millennium Development Goals）、そして2015年に採択された持続可能開発目標（SDGs：Sustainable Development Goals）へと「水と衛生」は先進工業国から開発途上国がともに取り組むべきテーマとして引き継がれてきた。

1975年から2015年の間に、地球上の人口は約40億人から約75億人にまで増加したものの、多くの人々が「水と衛生」の恩恵にあずかれるようになった。しかし、**図6－1**に示すように、約7億人の人々が安全な水に、約17億人もの人々がし尿の衛生処理にアクセス出来ない状況にある。安全な水と、し尿の衛生処理を実現するために、水道施設やトイレとし尿処理施設が整備されてきた。施設整備のための資金は、開発途上国の自己資金に加えて世界銀行など国際的な融資機関や先進工業国からの融資や無償援助によって調達されてきた。しかし、融資資金の返済やこれらの施設の維持管理や更新のために

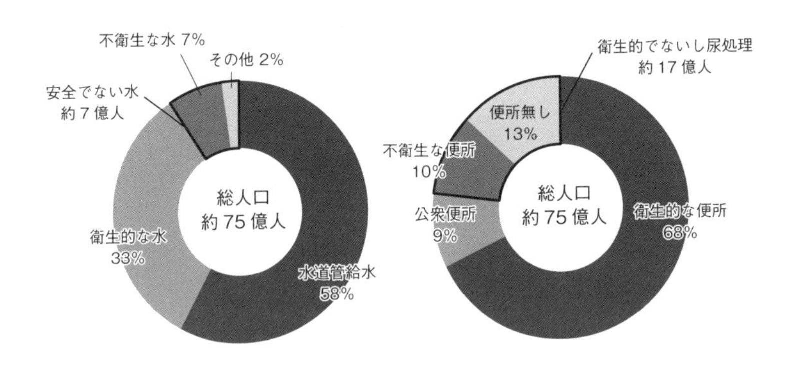

図6－1　2015年における世界の水と衛生の状況（WHO）

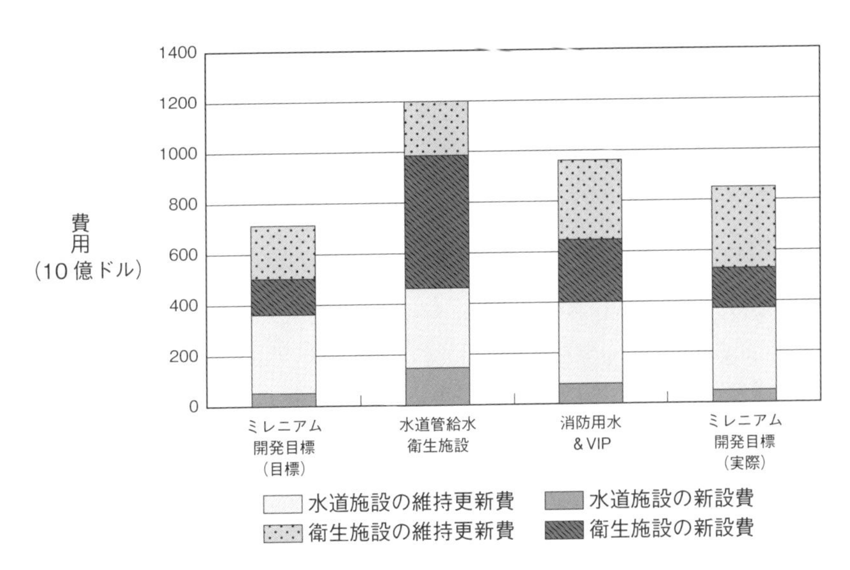

図6－2　2005年から2015年の世界の水と衛生施設にかかる費用（WHO）

資金が必要である（**図６－２**）。これらの資金について、さらなる融資や無償援助がないのが通例であり、「水と衛生」の恩恵を受ける人々の負担によって支弁されなければならない。それらの費用を料金により支弁するという原則が困難な場合には、費用が少なくて済むように、利用者が施設の運営管理に直接関与できるレベルの適正技術を適用することも重要なこととなる。

人口の増加は、食糧生産のための灌漑用水量の増加、経済成長とりわけ二次産業の発展にともなう水利用の拡大につながり、有限な水資源管理を複雑にしている。たとえば、2050年までには工業、発電及び家庭利用による水需要の増加により、地球上の水需要は約55%増加すると国連では予測している。また、気候変動の影響もあり、水資源の地域的な偏在性も高まっている。このようなことから、持続可能な開発目標では「水と衛生」ばかりでなく、適切な水資源管理や水に係る生態系の保護と、これらに係る人材の育成がかかげられている[1]。

水資源賦存量が少ない地域では、水を巡る国家間での係争が頻発している。中東のヘルモン山系やゴラン高原を水源とし、ガリラヤ湖、死海を経て紅海へ流出しているヨルダン川流域は、レバノン、ヨルダン、イスラエル、パレスチナを流下するため、水源地域の所有と水の配分で係争が絶えない地域である。イスラエルのヨルダン川西岸地域の入植と農業開発は、パレスチナばかりでなく、ヨルダンやレバノンとの水資源にも影響を与え、これらの国々の係争となってきた。1991年、スペイン・マドリードでの中東和平会議で合意された諸原則により、1993年にパレスチナ暫定自治協定が締結された。わが国もこの係争の解決のため、ヨルダン川渓谷の経済社会開発事業を主導してきている。その一環として、ヨルダン国首都アンマンの浄水場の導水施設の更新事業を無償援助事業として行った。これは、ヨルダン川から高地にある浄水場まで高低差約1,000mを、３段のポンプ場とダクタイル鋳鉄管の導水管で揚水するものであり、世界最大の揚程差の導水施設である。その揚程差を克服しているわが国の水道技術は世界で高く評価されている。

アフリカ大陸の北東部を流れ、世界最長級の国際河川であるナイル川は、

1．UN Water, Water for a Sustainable World 2015, 2015

エチオピアとスーダンから流出し、10ヵ国を流下し、エジプトのアスワン・ハイ・ダムを経て地中海に流出している。アスワン・ハイ・ダムの建設計画を契機として1959年にエジプトとスーダンの間で、エジプトは555億m^3、スーダンは185億m^{3}の水利用を分配するとして「ナイル川水利用協定」が締結された。しかし、エジプトへの優先的な協定や両国以外の上流国への配慮がなされていないことから、南北スーダンの係争を含めて水をめぐる課題が生じている。

アジア最大の河川であるメコン川は、中国のチベット高原から流出し、雲南省を経て、ミャンマー、ラオス、カンボジアを流下し、ベトナムの南部から南シナ海に流出している。メコン川はいずれの国にとっても農業、漁業、通運、発電等の重要な水資源である。メコン川上流での発電ダムや灌漑施設の整備により、上・下流国の紛争に発展しないように関係国などが集まって協議するメコン川委員会が設置されている。これら諸国の経済成長が著しいことから、上流域での水資源利用量が多くなったことや、気候変動の影響もあり、メコンデルタの感潮域が上流へ広がり、水道原水の塩分濃度が高くなるようになったため、取水位置を上流に移動しなければならない事例も起きている。

2　日本の海外援助（ODA）

ODA（政府開発援助：Official Development Assistance）とは、OECD（経済協力開発機構：Organization for Economic Co-operation and Development）のDAC（開発援助委員会：Development Assistance Committee）が作成する援助受取国・地域のリストに掲載された開発途上国・地域の経済協力を主目的として、公的機関によって供与される贈与及び条件の緩やかな貸付などのことである。ODAは、**図6－3**に示すように、開発途上国・地域を直接支援する二国間援助と国際機関に対する拠出である多国間援助に分けられ、さらに二国間援助は贈与と政府貸付など（有償資金協力）に分けられる。贈与は開発途上国・地域に対して無償で提供される協力のことで、無償資金協力と技術協力に分けられる。また、政府貸付など（有償資金協力）は円借款と海外投融資に分けられる。

わが国の水道分野での国際協力の特徴として、技術協力による人材育成を重視している点が挙げられる。技術協力とは、開発途上国の課題解決能力と主体性の向上を促すために、専門家派遣、研修員受入、機材供与などを通じて、開発途上国の社会・経済の発展に必要な人材の育成、わが国の技術、技能、知識等の移転、途上国の実情に合った適切な技術の開発・改良の実施、開発の障害となる課題の解決を支援するものである。技術協力の中心的な事業である「技術協力プロジェクト」は「専門家派遣」「研修員受入」「機材供与」などを最適な形で組み合わせ、事業計画立案から実施、評価までを一貫して行うことでより確実な成果を得ることを目指している。多くの「技術協力プロジェクト」では、開発途上国がプロジェクトを自分自身の課題解決のプロセスであると主体的に捉えるよう、計画の立案や運営管理・評価に相手国の関係者が参加する手法を取り入れている。「研修員受入」には、研修員を日本に招き実施する「本邦研修」と日本以外の国で実施する「在外研修」がある。

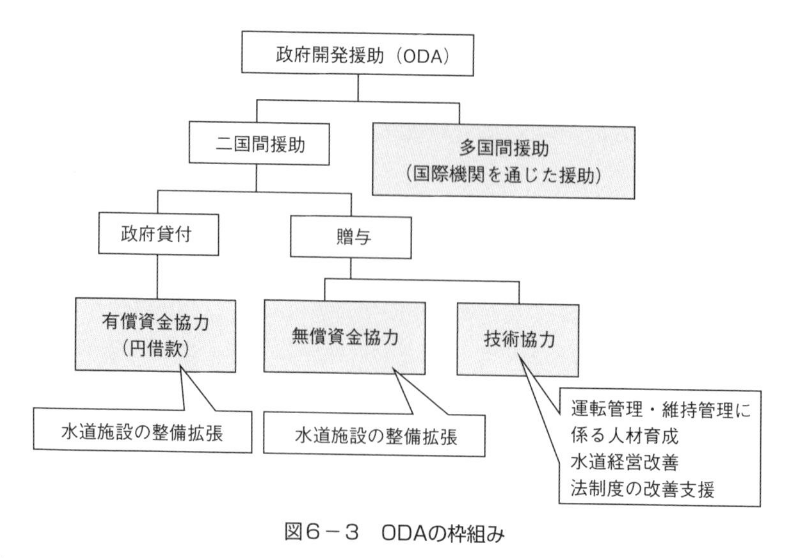

図6－3　ODAの枠組み

なかでも「本邦研修」は歴史も古く、日本国内での活動でありながら、国際協力の最前線ともいえる活動である。

わが国のODAは1954年にコロンボ計画に加盟したことを機に始まり、当初は戦時賠償あるいは準賠償（賠償を辞退した国に対して無償資金での支援を行う）の意味合いが強かった。OTCA（海外技術協力事業団Overseas Technical Cooperation Agency（現JICA））による水道分野での案件形成では、1965年の水道分野初の円借款（韓国の3水道事業）が行われた。1975年頃までには、当時の厚生省が直接主導する形で、専門家派遣、開発調査、本邦研修、円借款、無償資金協力などの主な援助のスキームが確立していった。

一方、わが国に研修員を招いて研修を行う最初の集団研修は1968年に開始されており、これが国際協力の重要な柱となっているJICA研修につながっている。

相手国におけるプロジェクト型の人材育成の取り組みとしては、1973年のインドネシアでの研修所、1985年に始まったタイにおけるトレーニングセンターの整備など、他分野に先駆けて人材育成を行っていた。特にタイのトレーニングセンターは、管理職から現場技能者までの幅広い専門人材を育成し、タイ国の水道分野の人材育成の基盤となるとともに、その後のJICAのプロジェクト式人材育成のモデルとなっている。

カンボジア国では1993年に内戦が終結した後、首都プノンペンの水道整備が日本を含むドナーの支援で実施されたが、設備や組織の整備のほか、人材育成が支援の重要な柱として実施された。現場でのOJTを重視したこの活動は、カウンターパートのリーダーシップともあいまって、プノンペンの水道改善を驚異的なスピードで成し遂げ「プノンペンの奇跡」として世界に広く紹介されている。

わが国の国際協力の成果はOECDのDACに報告されている。これによると、2005年以降、金額ベースでは水分野における世界で最大の援助国である（**表6－1**）。

このように半世紀にわたる継続的な活動と成果を有する水道分野の国際貢献であるが、政府の方針などもあり、最近の取り組みでは国際社会と歩調を

表6－1　水分野における国際協力の歴代順位

	1位		2位		3位		4位		5位	
2004	米国	955	日本	709	ドイツ	424	デンマーク	249	フランス	176
2005	日本	2,129	米国	1,026	ドイツ	402	オランダ	207	スウェーデン	117
2006	日本	1,256	米国	818	ドイツ	497	オランダ	455	フランス	254
2007	日本	1,930	ドイツ	594	米国	432	フランス	383	オランダ	364
2008	日本	1,668	ドイツ	906	米国	847	スペイン	622	オランダ	373
2009	日本	2,786	ドイツ	820	フランス	810	スペイン	575	米国	462
2010	日本	1,933	ドイツ	751	フランス	501	米国	431	スペイン	309
2011	日本	1,711	ドイツ	1,041	米国	465	スイス	332	フランス	323
2012	日本	2,140	ドイツ	1,382	フランス	920	米国	537	オランダ	465
2013	日本	1,615	ドイツ	1,067	米国	593	韓国	365	フランス	351

出典：OECD-DAC Creditors Reporting System、単位：百万USD

合わせることを重視するようになっている。

水道分野の国際協力の大方針としての最初のものは、1977年のマル・デル・プラタ国連水会議で決定された1981～1990年の「国際水道と衛生の10ヶ年」である。その後、2000年の国連ミレニアム・サミットで採択された2015年を目標年次とするMDGsを経て、2015年に採択されたSDGsは、途上国中心から先進国も含めた目標設定、対象分野やターゲットの拡大、国連主導から議論によるプロセス管理の重視など、さまざまな点でMDGsよりも発展的な取り組みとなっている。

3　欧米諸国の水道

1855年、英国のジョンスノーは、テームズ川の水を砂ろ過している水を利用しているロンドンのブロード通り地域は、ほかの地区に比べてコレラの発症が少ないことを統計学的・疫学的に証明した。コレラ菌は、1854年にイタリアのパチーニにより発見されたが、ドイツのコッホが1876年に炭疽菌を、1882年に結核菌を発見し、細菌が疾病の原因であるとの認識が広がり、1884年にコッホがコレラ菌を同定した。これによりコッホがコレラ菌を発見したとされることが多い。コッホと同時代のドイツのペッテンコーヘルは、コレラは土壌中の汚染物質が原因で、コレラ菌はその原因でないという論を展開し、コッホと論争が展開された。ジョンスノーの疫学研究は、砂ろ過によりコレラ菌の影響が無くなると結論していることから、ペッテンコーヘルは、ドイツで砂ろ過をした水を利用している地区と、下水処理をしているものの砂ろ過をしていない水を利用している地区とでコレラの発症率の比較研究を行った。その結果は、砂ろ過をした水を利用している地区ではコレラの発症が少ないと言うジョンスノーの結果と同じであった。これらの一連の論争から、ヨーロッパでは砂ろ過をした水や砂層を通過した地下水は、コレラなど細菌による疾病の発生を抑制することができるという認識が浸透している。地下水を水源とする欧州の水道文化は、これらの論争から定着したのである。

EU諸国の水道普及率は90～100％であり、**表６－２**に示すように、水道水源は地下水や湧水を利用している割合が高い[2]。しかし、降水量が少なく水資源の制約が厳しいイベリア半島のスペイン、ポルトガルやカナリア諸島では海水を淡水化しているところがある。水道事業体の約６割が公営水道とその大半が公共により給水されている。しかし、イギリス及びフランスは民営水道あるいは民間が関与している割合が高い。イギリスでは水道事業体の統

表６－２　代表的な欧州主要諸国の水道事業の主要指標

指標	イギリス	フランス	ドイツ	オランダ	イタリア
総人口	6,090万人	6,340万人	8,220万人	1,640万人	5,910万人
主な水道水源	表流水	地下水	地下水	地下水	地下水
水道普及率	99%	99%	99%	100%	97%
家庭用給水量	168L/人・日	169L/人・日	126L/人・日	122L/人・日	200L/人・日
主な事業形態	民営	民営	公営	公営	公営
主な飲料水	水道水	水道水	ミネラルウォーター	水道水	ミネラルウォーター

指標	オーストリア	スペイン	ポルトガル	スウェーデン	デンマーク
総人口	830万人	4,470万人	1,060万人	910万人	540万人
主な水道水源	地下水	地下水	表流水	表流水	地下水
水道普及率	89%	100%	93%	90%	96%
家庭用給水量	143L/人・日	190L/人・日	71L/人・日	185L/人・日	124L/人・日
主な事業形態	公営	公営	公営	公営	公営
主な飲料水	水道水	水道水	水道水	水道水	水道水

2．EurEau, EurEau statistics overview on water and wastewater in Europe-2008（Edition2009）, 2009

合により大規模水道事業体が民営化されている。一方で、オランダでは統合が進んでいるが、公設・公社で水道事業を行っている。

欧州委員会環境総局による要請のもと、2012年に実施された水に対する意識調査[3]によると、水道水を直接飲む人の比率のEU平均は49％であるものの、スウェーデン、デンマークでは約９割が水道水を直接飲用している。一方でドイツ、イタリアは約半数がミネラルウォーターを好んで飲用しており、国によって生活習慣の違いがみられる。

また欧州の漏水率は概して高く、日本のそれを大きく上回っている。漏水の主な原因は水道管にあるとされ、水道管の維持管理・更新が十分にされていないことから、漏水率が約50％に達する国もある。一方でドイツは、既設水道インフラの維持管理・更新が積極的になされていることから他国と比較して漏水率が低く、欧州諸国の優等生である。今後も、各国各地域に応じた適切な漏水対策を講じ、その改善を図ることが欧州諸国共通の課題である。

アメリカ合衆国は1776年の独立宣言と1783年のパリ条約をへてイギリスから実質的に独立したが、それ以前の水道については地下水や河川水を利用していたと思われる。アメリカにおける近代的な浄水場は、1832年のバージニア州リッチモンド市より始まった。1840年代以降、コレラやチフスなどの水系伝染病の原因がし尿に汚染された水にあることが明らかになり、砂ろ過や塩素消毒などの浄水処理工程を組み込んだ浄水場の整備が進んだ。地方自治体による水道施設の整備がすすめられた。1970年に環境保護庁（United States Environmental Protection Agency：EPA）が発足し、内務省公衆衛生局から水道水の水質規制が環境保護庁に移行し、1974年に安全飲料水法が策定された。

安全飲料水法は、15戸以上または25人以上に年間60日以上給水する水道事業を公共水道と規定している。2010年時点で、約２億７千万人、アメリカ全人口の約86％の人々が家庭用に公共水道を利用している。カリフォルニア州、テキサス州、ニューヨーク州及びフロリダ州の給水人口が全米の約35％を占め、表流水を水源とする所が多い。また、表流水を取水源とする地域の

3．Directorate-General for Comunication, Attitudes of Europeans Toward Water-Related Issues, 2012

約66%が渇水の影響を受けており、カリフォルニア州をはじめ各地域でさまざまな節水対策が取られている。規制監督機関としては、州の水利権管理委員会が州内の利水に関する利害調整を行い、連邦政府は、州間やカナダ、メキシコなどの他国間との利害調整を行っている。

水道インフラの老朽化が深刻な問題となっており、2009年には全米で水道管が年間約24万回破裂したとの報告もある。水道インフラの新設による対応も一部なされているものの、老朽化した水道インフラの維持管理・更新は深刻な財源不足の状況にあり、その効率的な維持管理・更新が喫緊の課題となっている。

4　欧米の水質基準制度

アメリカでは、公共水道を運営する水道事業者は、連邦法である安全飲料水法に定められた水質基準を遵守する義務を負っている[4]。水道事業に関する権限は連邦政府より州などに委譲されており、州などは、安全飲料水法に定められた水質基準以上の基準を、独自に条例に定める必要がある。安全飲料水法には、法的遵守の必要のある第１種飲料水規格と法的遵守の必要のない第２種飲料水規格が規定されている。第１種飲料水規格では、飲料水中の対象項目について、人間の健康に悪影響の生じない数値を最大許容濃度目標値（MCLG：Maximum Contaminant Level Goal）として定め、さらに、技術やコスト等を勘案した現実的に実現可能な値を最大許容濃度（MCLs：Maximum Contaminant Levels）として設定し、最大許容濃度を消費者に届ける飲料水中の最大許容量としている。技術的・経済的に最大許容濃度を設定することが困難な場合、飲料水中の対象項目を検出する信頼性の高い方法が存在しない場合には、浄水処理技術などによる対象項目の低減化対策（TT：Treatment Technique）を適用することとされている。他方、第２種飲料水規格では、味、色、においといった飲料水の性状を規定する勧告値と

4．米国環境保護庁ホームページ（http://www.epa.gov/dwstandardsregulations）

して第２種最大許容濃度（SMCLs：Secondary Maximum Contaminant Levels）が設定されており、第２種最大許容濃度を州などの条例に取り入れるかどうかは、州などが独自に決定できることとなっている。また、水道事業者などが最大許容濃度を達成出来ない事態での水道水の煮沸勧告やそれらの健康影響リスクや浄水処理技術などについての健康助言集（HAS）が公刊されている。

水道事業者と水道利用者の境界は水道メーターであり、取水から水道メーターまでが水道事業者が遵守すべき安全飲料水法の規制対象となっている。また、水道水への高濃度の鉛混入による健康被害の問題が発生していることから、鉛フリーの給水装置の利用が求められている。すなわち、給水管、給水管継手、配管継手及び給水器具の水に接触する面全体の鉛含量の加重平均が0.25％以内であること、はんだ及び溶剤の鉛含量が0.2％以内でなければならない。

安全飲料水法では、全ての公共水道は適切な資格を有する水道事業者により運営されることと定義されている。このため、州などは水道事業者の研修及び資格認証のためのプログラム及び教育訓練プログラムを設定している。これらプログラムを設定している州などは、環境保護庁からの水道施設高度化費用の一部が補助対象となる。

欧州諸国では、人間の健康レベルは欧州連合全体で統一的であるべきとの概念のもと、欧州委員会によるEU飲料水指令に定められた基準を遵守しなければならない。ただし加盟各国はそれぞれ社会、経済などの状況に応じて、より厳しい上乗せ基準を設定することができる。水道用資機材や薬品類についても同様な制度がある。また、加盟各国は３年に１度、水質基準を欧州委員会に報告する必要があり、欧州委員会は加盟各国の水質基準をモニタリングする役割を果たしている[5]。同指令は、人間の健康に影響を与えない場合や当該飲料水のほか妥当な手法がない場合に限り、３年以内の免除（Derogations）の特例を認めている。２回目までの免除は加盟各国の責任と判断にもとづき、欧州委員会へは届け出のみで良いが、３回目の免除につい

5．欧州委員会ホームページ（http://ec.europa.eulenvironment/water/water-drink/legislation_en.html）

ては、欧州委員会への申請が必要となる。

5　欧米諸国の水道水質障害

6.5.1　フリント市水道の非常事態宣言

米国ミシガン州フリント市は、市内を流れるフリント川の河川水を原水として給水してきた。その後1967年に、隣接するヒュウロン湖を水源とするデトロイト上下水道局から水道水を受水することに変更した。なお、フリント市は既設の取水・浄水施設はバックアップ用として保有していた。デトロイト周辺の自動車産業などの停滞による地域経済活動の衰退から水道事業もその運営に見直しがなされた。フリント市は、デトロイト上下水道から受水契約を継続して給水する方式、また、フリント市が独自でヒュウロン湖に水源変更するための取水・導水施設を整備して旧浄水場を再稼働して給水する方式に変更する方式を比較した。その結果、後者の方式に変更すると約200百万ドルの経済効果があることが明らかとなった。そこで、デトロイト上下水道局との受水契約を打ち切り、ヒュウロン湖からの導水施設などが整備されるまでの２年間、暫定的にフリント川より取水し、市の浄水場を稼働させて給水するように変更した。しかし、この浄水場はアルカリ剤注入設備などの浄水の腐食性を制御する設備は整備されていなかった。

2014年４月にフリント川河川水に原水を変更してから、暫くすると水道水の異臭味や赤水の苦情が寄せられるようになり、同年８月及び９月には２度、煮沸勧告がなされ、洗管作業が実施された。10月には、フリント市に製造拠点を置くゼネラルモーターズが、汚染水による製造工程への影響を懸念して製造を停止した。その約４ヵ月後の2015年２月にはフリント市内の家庭の給水栓で高濃度の鉛が検出された。2015年８月、バージニア工科大学の研究チームは、家庭給水栓水の鉛濃度が増加していることや、一部給水地域の子どもの血中鉛濃度の上昇を指摘した。なお、環境保護庁は鉛による健康被害として子どもの知能発達障害などを指摘している。市水道も安全飲料水法の鉛銅規則（Lead and Copper Rule:LCR）にもとづき、2度の水質試験を実施し、鉛濃度が増加していることを確認している。これらの事態を重くみた環境保護庁は、飲料水の鉛濃度の上昇と浄水場に腐食性制御設備が設置されていないことについての問題を提起した。そして、ミシガン州環境局（Michigan's Department of Environmental Quality：MDEQ）は、2016年1月までに腐食性制御設備を設置し、水質改善に取り組むべきと通知した。これを受け、市は、腐食抑制装置の設置に向けた検討や住民への鉛勧告による飲用制限勧告などを進めていたものの、具体的な対策実施は講じられなかったため、水道利用者の不安・不信が増加するばかりであった。

2015年10月、市は住民に飲用制限を設けるとともに、デトロイト上下水道局（現五大湖水道公社）からの受水に戻すこととした。しかし、水道水質が直ちに回復せず、飲用以外にもペットボトル水を供給することもできず、社会不安は増大する一方であった。そのため、12月にフリント市長による非常事態宣言、2016年1月にはミシガン州知事及びオバマ大統領による非常事態宣言が発動された。ミシガン州知事やオバマ大統領も市民集会に参加せざるを得なかったと報道されている。フリント市の水道危機は人的災害と位置づけられ、ペットボトル水の配布や水道水フィルター、そのほか装置にかかる費用に対して、約5百万ドルの連邦政府の予算対応がなされた[6]。現在、事態は沈静化しつつあるものの、鉛管を含め老朽・経年管の更新には資金と時間を要することから、抜本的な問題解決にはいたっていない。

6.5.2 五大湖の藍藻被害

アメリカとカナダの国境地帯にある五大湖では、藍藻による健康被害が問題となっている。藍藻類は、植物プランクトンの増殖に関わる窒素やりんなど栄養塩の濃度、光合成に必要な太陽エネルギー量や水温によってその増殖

6．CNNホームページ（Flint Water Crisis）

量が影響される。五大湖は高緯度地帯にあり、湛水量も大きいことから藍藻類を含め植物プランクトンの増殖に関係する植物生産性は低いとされてきた。しかし、近年五大湖では植物プランクトンの増殖量、特に藍藻類の異常増殖が起き、水資源として大きな影響を与えるようになっている。その原因としては気候変動による水温・気温の上昇、流域からの流入栄養塩量の増加などが指摘されている。藍藻類が異常増殖するといわゆる水の華を形成し、景観を悪化させ、水の華の腐敗臭などの問題を発生させる。

藍藻類は、シアノトキシンとよばれる藻類毒を生産する種があり、ミクロキシテスンが生産するミクロシスチン、アナベナが生産するアナトキシンはそれらの代表的なものである。これらの藍藻類はジオスミンや2-MIBなどのような異臭味物質も生産するが、シアノトキシンは強い毒性を示し、摂取することにより嘔吐や吐き気、めまい、下痢といった急性毒性や腎臓や肝臓への慢性毒性や発がん性を有するとされている。

米国オハイオ州では2013年９月、五大湖の一つであるエリー湖のキャロルタウンシップ取水場で、高濃度のミクロシスチンが観測された。水質試験結果がオハイオ州環境保護庁の基準値を超えたため、オハイオ州環境保護庁は水道水の飲用制限を勧告し、この水道は近隣都市水道から受水するための緊急接続を行った。飲用規制は約2,200人計48時間、緊急接続は数週間続いた。2014年８月には、エリー湖のトレド取水場で高濃度のミクロシスチンが観測され、オハイオ州環境保護庁は、再度、飲料制限を勧告した。この飲料規制は約50万人計55時間に及び、住民の生活に大きな影響を与えた。エリー湖のみならず五大湖上流のスペリオル湖でも藍藻類の影響でカナダやアメリカの水道が影響をうけており、ニューヨーク州、ワシントン州など北部地域でも影響を受けている[7]。

わが国でも、霞ヶ浦、手賀沼、琵琶湖など湖沼を水源とする水道では、藍藻類による異臭味対策が講じられていることからミクロシスチンへの対策もとられている。しかし、気候変動の影響などによって藍藻類の異常増殖が起きる可能性が高いことから、その影響を受ける水道が生じる可能性がある。

7．Ecowatch Lake. Erie's Toxic Algae Bloom Forecast for Summer 2016. 2016. www.ecowatch.com

6.5.3　ランカスター地域のクリプト被害

イギリス中西部の都市ランカスター周辺地域は、ユナイテッド・ユーティリティ社が上下水道サービスを担っている。2015年8月6日同社が給水しているプレストン地域のフランクロー浄水場でクリプトスポリジウムが検出されたため、水道水の煮沸勧告を水道利用者に出した。この浄水場は一日あたり14万m^3を約30万の給水契約者に給水しており、管路延長は2,500マイルであるとされている。煮沸勧告は飲用ばかりでなく、食材や食器の洗浄用水など台所用水や歯磨き用水も煮沸して利用するようにというものであった。

8月中旬に紫外線照射装置が設置され、紫外線処理が有効であることが確認されたので、煮沸勧告が浄水場に近い所から除々に解除された。しかし、管内排水の排除など管路洗浄が終了するまで煮沸勧告が解除できないため、9月1日で約2万5千の給水契約者、9月4日でも約9千の給水契約者に対して煮沸勧告が続き、9月7日になって給水区域全体の煮沸勧告が解除された。約1ヵ月にわたって煮沸勧告が出されていたことになる[8]。

1996年6月に埼玉県越生町で、人口約1万3千人のうち約9千人がクリプトスポリジウム感染症にかかり下痢などを発症した。これを受けて厚生労働省は「水道におけるクリプトスポリジウム暫定対策指針」を定め、クリプトスポリジウムの汚染の恐れのある所ではろ過設備の設置をすべきであるとした。しかし、それらの対策がとられていない水道もあることから、煮沸勧告のような措置を取らなければならない事例がわが国でも発生する可能性がある。その際には、クリプトスポリジウム対策のみならず、給配水系を洗浄、すなわち管路洗浄標準手順書を整備しておき、それに要する時間を短縮するようにしておくべきである。

---

8. United Utilities. Bil water notice now lifted for all of Lancashire. 2016. www.unitedutilies.com

6　水道事業への民間参与

膨大な水道インフラ整備の資金需要に対応するため、昨今、水道事業への民間参与に大きな期待が寄せられている。民間参与による効果は、運営効率の向上やサービス水準の改善が挙げられる。一方で、民間参与による水道料金の引き上げが懸念として挙げられる。実際、ボリビア・コチャバンバでは、民間水道会社が初期投資の資金調達のため、コンセッション契約開始前に水道料金を35%引き上げたことに市民が抗議し、コンセッション契約が打ち切られた事例もある。

水道事業への民間参与の形態は、公共から民間へのリスクの移転度合いにより分類される。**表6－3**に示すように、施設の所有権を民間に売却し、資本投資、運営リスク、管理運営を無期限で民間に委ねる'売却'、施設所有リスクは公共が有したまま、施設更新や拡張といった資本投資、運営リスク、管理運営は民間に委ねるコンセッション契約をはじめ、アフェルマージュ契約、リース契約、マネジメント契約などさまざまな形態がみられる。

表6－3　水道事業への民間参与の代表的な形態

	マネジメント契約	O&M契約	アフェルマージュ契約、リース契約	コンセッション契約	BOT	ジョイント・ベンチャー	売却（民営化）
施設所有	公	公	公	公	民/公	公/民	民
資本投資	公	公/民	公	民	民	公/民	民
運営リスク	公	公	共有	民	民	公/民	民
管理運営	民	民	民	民	民	公/民	民
料金設定	公	公	民	民	民	公/民	民
契約期間	3-5年	1-50年	8-15年	25-30年	20-30年	無限	無限

出典：Private Sector Participation in Water Infrastructure（OECD, 2009）, pp.18を基に加筆・修正

アメリカの水道は個人の井戸から発展した歴史があり、19世紀初頭にはその9割以上が民営であった。その後、給水先の富裕層への偏りや不適切な料金設定などの理由から、水道事業の公営化の波が訪れ、2000年の時点で民営水道は約15%に縮小した。しかしながら近年、水道事業を担う地方自治体の

財政難や水道インフラ老朽化の問題に直面し、その経営効率化の観点から、再び民間参与の議論がなされるようになり、2011年には民営水道の比率が約24％にまで増加した。

アメリカで最も多くみられる民間参与の形態はO&M（Utility Operation and Maintenance）契約である。2002年より開始されたインディアナ州インディアナポリス市とUSフィルター社との20年間、約15億ドルのO&M契約がなされている[9]。一方で、O＆M契約を締結したものの、再公営化の道を辿ったジョージア州アトランタ市やフロリダ州リー郡の例もみられる。

イギリスでは、水道事業は10の流域単位の水管理公社に1970年代初頭に集約化されていた。1989年、これらの水管理公社を上下水道会社に移管し、その株式をロンドン株式市場に上場して民営化した。これは、「小さな政府」を目指したサッチャー政権による基幹産業の民営化の流れを受けたものであった。この民営化と同時に、上下水道サービスを規制監督する役割を果たす機関として、水道サービス事務所（the Office of Water Services：Ofwat）、国家河川庁（現環境庁）及び飲料水検査官事務所の３つが設置された。Ofwatは水道料金の適正性、環境庁は河川環境への影響、飲料水検査官事務所は飲料水水質基準と公衆衛生保護をそれぞれ所掌している。上下水道会社は地域独占事業であるため、利用者が不利益を被らないように、これらの規制監督機関が重要な役割を果たしている。

1989年の民営化以降20年以上が経過しているが、イングランド及びウェールズ地域全体で1990年代中頃のピーク時より漏水が３分の１に減少[10]した。また1989年に約76％であった欧州基準への適合率が2000年には92％に増加し、現在は欧州で最良の水道サービスを水道利用者に提供しており、民営化に伴う水道料金の引き上げにより、適正な水道料金が設定された結果であると評価されている[11]。

フランスは、水道事業への民間参与の歴史が長い国である。フランスにお

9．「米国における水道事業の概要」、自治体国際化協会、2006
10．「英国における民営水道事業の動向及び水法（革案）の提出等について（その１）、水道技術研究センター、第351号、2013
11．『Privatization of water in the UK and France -What can we learn?』, Mohammed H.I.Dore, Utilities and Policy.12, 2004

ける水道事業への民間参与の流れは、大きく3期に分類できる。1850年から1910年の第1期はコンセッション契約が主流であった。しかし、1910年から1970年の第2期には、第1次世界大戦、第2次世界大戦の社会、経済状況の変革の影響からか、民営から公営へ移行するようになり、民間の役割は設計・建設業務のみになった。しかし、1970年以降の第3期は、再び民営が脚光を浴び、アフェルマージュ契約やリース契約が多くみられるようになった。また、ヴェオリア社、スエズ社といった水メジャーと呼ばれる国際的な水道企業が大きく成長し、世界の民営水道事業を牽引する主要な役割を果たすようになっている。なお、これらの企業は都市交通、廃棄物処理などの各種社会インフラ部門にも進出している。フランスでは、コミューンと呼ばれる地方自治体が水道事業の責任を有している。イギリスでは、水道事業権を民間会社に売却しているが、フランスでは施設の所有権を有したまま、各コミューンが水道事業の運営を公営とするか民営とするか決めているということが、フランスにおける水道事業への民間参与の特徴である。しかし、2010年にパリ市とヴェオリア社、スエズ社とのアフェルマージュ契約が、25年間という長い実績があったものの更新されず、その運営がパリ市営に戻された。今日ではパリ市が全額出資したパリ商工会社が水道事業を担っている[12]。

12. The remunicipalization of Parisian water services: new challenges for local authorities and policy implications, Joyce Valdovinos, Water International, Vol. 37, No. 2, March 2012

＊　　＊　　＊

参考文献

1）Directorate-General for Communication, Attitudes of Europeans Towards Water ― Related Issues, 2012
2）EurEau, EurEau statistics overview on water and wastewater in Europe ―2008 (Edition 2009), 2009
3）Mohammed H.I. Dore, Privatization of water in the UK and France ― What can we learn?, Utilities Policy12, 2004
4）Water for a Sustainable World 2015, UN Water, 2015
5）Joyce Valdovinos, The remunicipalization of Parisian water services: new challenges for local authorities and policy implications, Water International, Vol. 37, No. 2, 2012
6）「米国における水道事業の概要」、自治体国際化協会、2006
7）「英国における民営水道事業の動向及び水法（草案）の提出等について（その1）」、水道技術研究センター、第351号、2013

８）「進む米国水道事業の経営効率化と日本への示唆」、日本政策投資銀行、2011

第7章

水道のあけぼの

第7章　水道のあけぼの

1　世界に誇る江戸の給水システム

昔から人は川の近くや泉のそばなど、自然から直接水を手に入れることができる場所に暮らしていた。やがて人々は工夫を重ね、徐々に水を計画的に獲得する能力を身につけ、生活を豊かにしていった。

都市が形づくられるようになると、そこに暮らす人々が確実に水を得ることができるよう、水路などの施設を建設して水源から水を都市内部に引き込むことが行われるようになった。古代オリエントやギリシャ時代の都市遺跡から発掘される地下水路、貯水ダム、配水池、導水路などは水道の起源と考えることができる。

日本でも、古代から清水の湧き出るところ、または河川に沿った地域に人々は住居を構えたと思われる。平野に南面する山麓地帯などで古墳が群在するようなところには、必ずそこに飲料水の豊かな湧水地帯があることからもこのことが推察できる。

近世以降、武家政権が確立する中で城下町が形成され、人々が城下町に集中するようになった。当然、城下町では生活用水と防火の観点から水の確保が重要視され、各地に水路で水を引き込む設備が建設された。ちなみに、この頃、既に「水道」という言葉が使われていたようである。

江戸幕府を開いた徳川家康は江戸入府に当たって水の確保に努め、神田上水を建設させた。その後も江戸は人口が増加し、より規模の大きい水道が必要となった。そこで多摩川の水を送る玉川上水が計画され、1654年に完成した。このほか、江戸には本所（亀有）、青山、三田、千川上水などが建設され、**図７－１**に示すように神田上水、玉川上水と合わせて江戸の６上水と呼ばれ、世界最大級の人口密集地帯であった江戸の人々の暮らしを支えた。

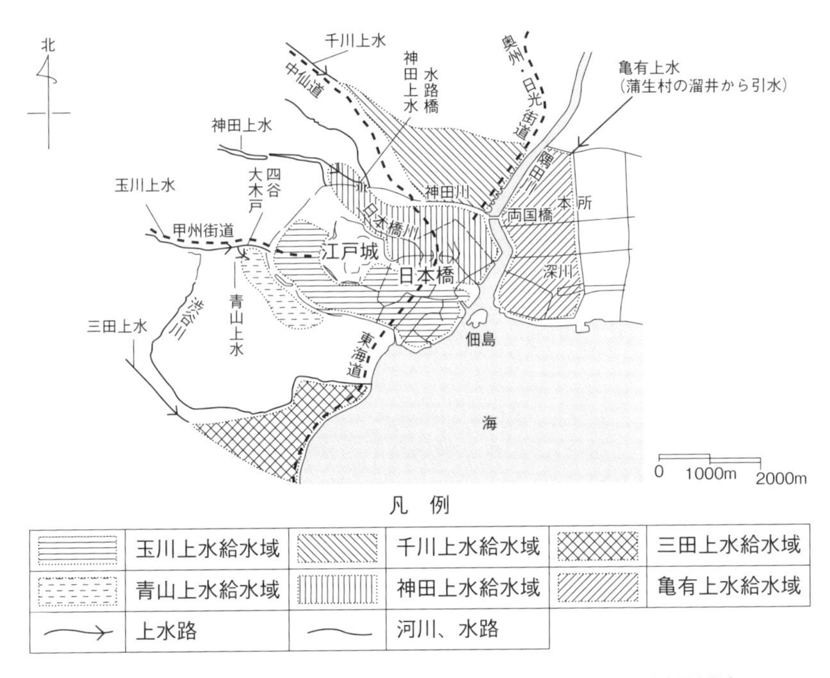

出典：渡部一二、『図解・武蔵野の水路―玉川上水とその分水路の造形を明かす』、東海大学出版会、2004

図７－１　元禄年間（1688～1704）ごろの江戸の６上水とその給水域

2　高い技術と施工によって完成した玉川上水

玉川上水は、羽村取水堰で多摩川から分水して、武蔵野台地を流下して四谷大木戸までの開渠と、そこから江戸市中への暗渠からなり、三代将軍家光の時、玉川兄弟によって開発された。羽村から四谷までの約43km間の高低差は92mしかなく、10mでわずか２cmの勾配という精密な工事をわずか８ヵ月で完成した。その功績から玉川家は、上水の建設から維持管理や水道料金のとりたてまでを行う上水役を命じられたが、1739（天文４）年に罷免された。その後、水道経営は幕府直営になったが、具体的なことは名主など町人の自治的組織や組合によって行われた。

江戸時代の水道は、現在の水道とは異なり、**図７－２**に示すように石積みや素掘りの水路で自然流下による送水を行うものであった。従って常に外部からの汚染の脅威に晒されており、玉川上水などでは役人により厳重に監視されていた。また、上水による水の使用は飲用に限定され、都市内は暗渠に

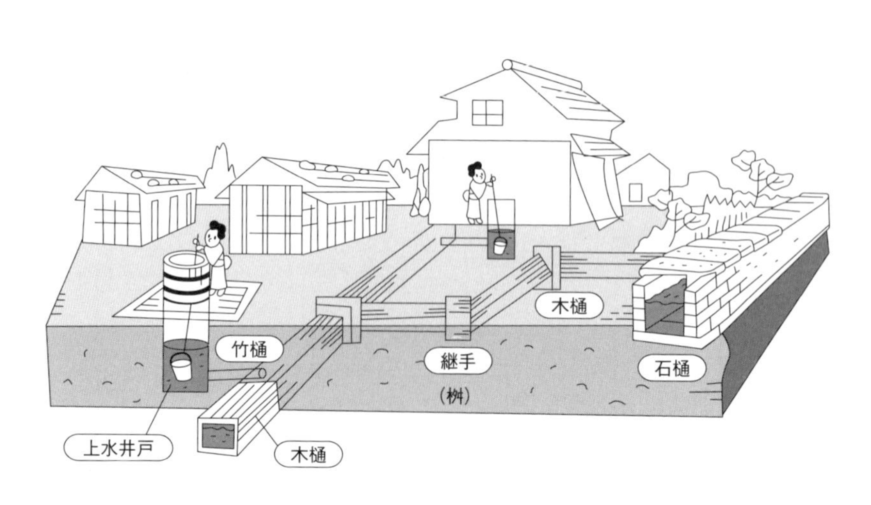

出典：高堂彰二『トコトンやさしい水道の本』、日刊工業新聞社、2014

図７－２　江戸時代の水道方式

して外部から水に容易に近づけないようにするなどの安全対策も施されていた。目に見える施設としては、道路、辻の屈曲部に、桝と呼ばれる四角い箱を設置した。役割別に、流れる方向を変える「埋桝」、点検用の「水見桝」などがあった。水道の維持管理費は大名は石高に、町方は町割に応じてそれぞれ負担した。

江戸時代は、鎖国制度もあり海外からコレラのような重篤な感染症が侵入していなかった。水あたりや寄生虫症等の水系の疾病があったが、し尿が農業利用されていたこともあり、上水は、し尿や生活排水との明確な分離によって、悪水の影響を受けない工夫がなされればよかった。

一方、江戸以外の諸藩もそれぞれの城下に水道を建設し、その数は40有余に及ぶ。主なものに北海道函館・五稜郭上水、宮城県仙台・四ツ谷堰用水、茨城県水戸・笠原水道、金沢辰巳用水、富山県・富山水道、兵庫県・赤穂水道、広島県・福山水道、香川県・高松水道、鹿児島県・鹿児島水道があった。[1]

3　近代水道は横浜から

7.3.1　コレラの流行

1854年ペリーが2度目の来航時に、日米和親条約が調印され、下田、函館が開港されることになった。幕府は、その年に英国及びロシアと、翌年にオランダとの間で同様の内容の条約を結んだ。こうして、鎖国時代は幕を閉じ、開国の時代を迎えることになった。

さらに、幕府は、1858年6月、ハリスと日米修好通商条約を調印し、9月までの間にオランダ、ロシア、イギリス、フランスとの間でも同様の条約を調印することとなり、函館に加え、横浜、長崎、新潟、神戸が開港されることとなった（下田は、神戸と引き換えに閉港）。これらの開港場を通じて、

1．東京都水道歴史館展示資料、パネル「藩政時代の水道」

出典：『横浜波止場ヨリ海岸通異人館之真図』、三代広重画、明治初期、横浜開港資料館所蔵

図7－3　開港間もないころの横浜

日本は諸外国との交易を開始した。

開国によって持ち込まれたのは、西洋文化だけではなかった。当時欧米の列国はアジア各地に進出していたが、東南アジアではコレラが流行していたため、商船の船員などによってそれが日本に持ち込まれ、いったん侵入したコレラはまたたく間に全国に蔓延することになった。コレラの惨状は今日からは想像も及ばないものであり、患者の半数以上が死亡する例が多かった。

コレラは、もともと日本ではみられない疫病であった。開国以前にも、コレラは発生したことがあり、1822年と1858年から1860年にかけても大流行があった。これらは、いずれもオランダ商船や米艦によって持ち込まれたものとされている。当時、江戸ではコレラのことを数日で死に至るという意味から「三日コロリ」と呼んで恐れたと伝えられている。

明治になってしばらくはコレラの流行もおさまっていたが、1877年９月長崎に来航した英国商船から持ち込まれたコレラが西日本各地に広まった。続いて、1879年３月愛媛県で発生したコレラは、大分県に飛火した後全国に蔓延し、10万人以上の死者を出した。さらに、1885年８月長崎から西日本に蔓延したコレラは、翌年、全国に広がった。この時、患者発生の報告がなかったのは、わずかに鹿児島、宮崎の２県だけで、患者発生数は11万人近くに至った。

このほか、海外から侵入したものではないが、赤痢、腸チフスも毎年多くの患者を出していたが、いずれもコレラと同様、不衛生な飲み水に起因する水系伝染病である。当時は外国との交易により欧米文化が輸入され、わが国の各種産業の発達、都市の発展等の著しい時代であったにもかかわらず、飲

表７－１　明治10（1877）～20（1887）年の水系伝染病発生状況

明治年	コレラ		赤痢		腸チフス	
	患者数	死亡数	患者数	死亡数	患者数	死亡数
10	13,710	7,967				
11	902	275	1,098	131	3,983	549
12	162,637	105,786	8,119	1,477	10,052	3,530
13	1,570	589	6,015	1,473	13,349	3,606
14	9,328	6,197	7,001	1,837	24,033	5,866
15	51,638	33,784	4,289	1,300	18,258	4,954
16	969	434	21,172	5,066	18,769	5,043
17	900	415	22,524	5,989	20,816	5,699
18	13,772	9,310	47,183	10,627	27,934	6,483
19	155,923	108,405	24,326	6,839	66,224	13,807
20	1,228	654	16,149	4,257	47,449	9,813

内務省「衛生局年報」による

出典：『日本水道史　総論編』、日本水道協会、1967

用水の施設は徳川時代に築造された上水や井戸などが主なものであり、衛生状態の悪さを物語っている（**表７－１**）。

７．３．２　水に苦しんだ開港都市・横浜

開港場の一つであった横浜は、海中に突出した洲の上にできた集落から始まり、順次海面を埋め立てて広がった土地柄だけに井戸水に塩分が多く、飲用に使用できる井戸は、町内100ヵ所程度のうち30ヵ所程度とわずかしかないという状態であった。開港とともに内外の往来が激しくなり、人口が増加してくると飲料水の悩みは住民にとって痛切なものであった。町外の丘陵地の水を売り歩く水売りもいたが、絶対的な水不足状態であったため、水を金銭のように貸借、流用する有様であったという。また、商店などで使用人に水汲みをさせようとすると、水売りが得意先を失うということでこれを妨害するような例もあったようで、1872年４月に神奈川県庁より注意の通達が発せられている。このような中で、1873年12月会社組織による木樋水道が完成した。これは、多摩川の水を鹿島田地点から導水したものであったが、工事

が良好でなく、漏水や汚水の混入が見られた。この木樋水道は、完成後半年で経営上の問題から町会所に引き継がれており、その後何回かの補修が行われたが、1882年頃からほとんど使用に耐えない状態となった。

1882年のコレラ流行の際は、当時の区内人口67,500人余のうち1,462人の患者を出したが、その原因は当時存在していた旧式の木樋による水道設備の不備によるものとの非難が起こり、新しい水道に対する要望が市民及び在留外人の間から提唱された。

7.3.3　日本初の近代水道誕生

わが国の近代水道の第1号となったのは、1887年10月17日に給水開始された横浜水道であった。これは、神奈川県によって、1885年4月に起工、1887年9月に竣工された。この背景として、横浜では会社組織による木樋水道が完成していたが、工事が良好でなく結局失敗となっていたため、これに懲りて民間からの水道計画がなかったことと、コレラの最大の窓口となった横浜港を抱えている神奈川県が必要に迫られてのことだと考えられる。

横浜水道の創設は、1883年1月、神奈川県が井上外務卿を通じてイギリス工兵中佐ヘンリー・スペンサー・パーマー（**図7－4**）に横浜水道の設計調査を依頼したことから始まった。パーマーは、1880年から数回来日しており、

図7－4　H・S・パーマー（Henry Spencer Palmer）（1838～1893）の銅像
（横浜水道記念館に展示）

陸軍工兵中佐というポストにあったが、土木から天文に至る極めて広範な分野にわたっての知識と経験を持ち、特に水道については、1878年に香港・広東の水道設計を行った実績を持っていた。

パーマーは、わずか3ヵ月という短い期間に多摩川取水、相模川取水、その他にわたる調査を行い、1883年4月11日に概括的な計画を中心とした横浜水道工事報告書を、翌5月31日には相模川取水案を中心とした横浜水道工事第2報告書を県に提出した。西洋式水道のように、ろ過等の浄水処理を加えた水を鉄管によって一定以上の圧力をもって給水し、外部より汚染されるおそれのない水道、しかも、これらの報告書は単なる調査報告書というだけでなく、日本で初めて近代的な水道施設を建設しようとするものであるため、水道施設のあり方から経営にまで触れ、水道の解説書としての役割をも果たす貴重な報告書であった。

新しい水道計画について、1883年7月14日、神奈川県は内務省に対し、パーマーの調査報告書を添付して新式水道建設の意見書を提出した。1884年11月27日付で内務省から工事の許可指令が出された。実に申請以来許可まで1年半を要したが、ここに、横浜近代水道の建設は国の事業としてようやく具体的に動き出せることとなった。

1887年9月に、英国より資機材を輸入し、全工事が完成した。そして、9月21日に三井用水取入所の運転を開始し、順次導水路線に通水して慎重な検査を行いながら、ようやく10月4日になって野毛山に相模川の水が到着したのである。当時の人々は、十里（40km）以上も離れた所の水が、本当に野毛山まで届くのかを疑い、これをめぐって賭けまで行われたという。

1887年10月17日から市内への給水が開始され、水栓からほとばしる水に市民は驚嘆した。この水道完成はまた、それまでの消防組織も大きく変え、近代消防への第一歩を印したのである（**図7−5**）。

横浜に次いで、函館が1888年6月着工、1889年12月竣工、長崎が1889年4月着工、1891年3月竣工の順で布設された。このように、わが国の近代水道は、大都市や貿易の拠点等でその緊急性が高かった三府（東京府、京都府、大阪府）五港（函館、横浜、新潟、神戸、長崎）をはじめとし、その後も全国各

①

②

③

図7－5　横浜での水道創設当時の模様
①導水管の布設工事
②消火栓からの放水（吉田橋上）
③共同水栓（獅子頭）

出典：①宮内庁書陵部所蔵
②、③横浜市水道局所蔵

地で布設されることになった。

こうして人々の間には、管理の行き届いた安全な飲み水の確保と消火用水の確保のために、鋳鉄管を用いてポンプによる有圧で水を供給する近代水道が、自らの生命、財産を守るために不可欠なものであるという認識が醸成されていったのである。

＊　　＊　　＊

参考文献

1）石橋多聞、『上水道学』、技報堂、1969
2）水道制度百年史編集委員会、『水道制度百年史』、厚生省、1990

３）石川英輔、『江戸のまかない』、講談社、2002
４）堀越正雄、『日本の上水』、新人物往来社、1995
５）渡部一二、『図解・武蔵野の水路―玉川上水とその分水路の造形を明かす』、東海大学出版会、2004
６）野中和夫編著、『江戸の水道』、同成社、2012
７）高堂彰二、『トコトンやさしい水道の本』、日刊工業新聞社、2014
８）鈴木浩三、『江戸商人の経営』、日本経済新聞出版社、2008
９）『日本水道史　総論編』、日本水道協会、1967
10）近代水道百年の歩み編集委員会、『近代水道百年の歩み』、日本水道新聞社、1987
11）『横浜水道百年の歩み』、横浜市水道局、1987
12）伊藤好一、『江戸上水道の歴史』、吉川弘文館、2010

巻末資料

資料1

河川における水質環境基準（生活環境項目）

項目類型	利用目的の適応性	基準値				
		水素イオン濃度（pH）	生物化学的酸素要求量（BOD）	浮遊物質量（SS）	溶存酸素量（DO）	大腸菌群数
AA	水道1級 自然環境保全 及びA以下の欄に掲げるもの	6.5以上 8.5以下	1mg/L 以下	25mg/L 以下	7.5mg/L 以上	50MPN/ 100mL以下
A	水道2級 水産1級 水浴 及びB以下の欄に掲げるもの	6.5以上 8.5以下	2mg/L 以下	25mg/L 以下	7.5mg/L 以上	1,000MPN/ 100mL以下
B	水道3級 水産2級 及びC以下の欄に掲げるもの	6.5以上 8.5以下	3mg/L 以下	25mg/L 以下	5mg/L 以上	5,000MPN/ 100mL以下
C	水産3級 工業用水1級 及びD以下の欄に掲げるもの	6.5以上 8.5以下	5mg/L 以下	50mg/L 以下	5mg/L 以上	—
D	工業用水2級 農業用水 及びEの欄に掲げるもの	6.0以上 8.5以下	8mg/L 以下	100mg/L 以下	2mg/L 以上	—
E	工業用水3級 環境保全	6.0以上 8.5以下	10mg/L 以下	ごみ等の浮遊が認められないこと。	2mg/L 以上	—

水道１級：ろ過等による簡易な浄水操作を行うもの

水道２級：沈殿ろ過等による通常の浄水操作を行うもの

水道３級：前処理等を伴う高度の浄水操作を行うもの

資料2

水質基準項目と基準値（51項目）

2015年4月1日施行

		項目	基準値
健康に関する項目	1	一般細菌	1mLの検水で形成される集落数が100以下
	2	大腸菌	検出されないこと
	3	カドミウム及びその化合物	0.003mg/L以下（カドミウムの量に関して）
	4	水銀及びその化合物	0.0005mg/L以下（水銀の量に関して）
	5	セレン及びその化合物	0.01mg/L以下（セレンの量に関して）
	6	鉛及びその化合物	0.01mg/L以下（鉛の量に関して）
	7	ヒ素及びその化合物	0.01mg/L以下（ヒ素の量に関して）
	8	六価クロム化合物	0.05mg/L以下（六価クロムの量に関して）
	9	亜硝酸態窒素	0.04mg/L以下
	10	シアン化物イオン及び塩化シアン	0.01mg/L以下（シアンの量に関して）
	11	硝酸態窒素及び亜硝酸態窒素	10mg/L以下
	12	フッ素及びその化合物	0.8mg/L以下（フッ素の量に関して）
	13	ホウ素及びその化合物	1.0mg/L以下（ホウ素の量に関して）
	14	四塩化炭素	0.002mg/L以下
	15	1,4-ジオキサン	0.05mg/L以下
	16	シス-1,2-ジクロロエチレン及びトランス-1,2-ジクロロエチレン	0.04mg/L以下
	17	ジクロロメタン	0.02mg/L以下
	18	テトラクロロエチレン	0.01mg/L以下
	19	トリクロロエチレン	0.01mg/L以下
	20	ベンゼン	0.01mg/L以下
	21	塩素酸	0.6mg/L以下
	22	クロロ酢酸	0.02mg/L以下
	23	クロロホルム	0.06mg/L以下
	24	ジクロロ酢酸	0.03mg/L以下
	25	ジブロモクロロメタン	0.1mg/L以下
	26	臭素酸	0.01mg/L以下
	27	総トリハロメタン	0.1mg/L以下
	28	トリクロロ酢酸	0.03mg/L以下
	29	ブロモジクロロメタン	0.03mg/L以下
	30	ブロモホルム	0.09mg/L以下
	31	ホルムアルデヒド	0.08mg/L以下
性状に関する項目	32	亜鉛及びその化合物	1.0mg/L以下（亜鉛の量に関して）
	33	アルミニウム及びその化合物	0.2mg/L以下（アルミニウムの量に関して）
	34	鉄及びその化合物	0.3mg/L以下（鉄の量に関して）
	35	銅及びその化合物	1.0mg/L以下（銅の量に関して）
	36	ナトリウム及びその化合物	200mg/L以下（ナトリウムの量に関して）
	37	マンガン及びその化合物	0.05mg/L以下（マンガンの量に関して）
	38	塩化物イオン	200mg/L以下
	39	カルシウム、マグネシウム等（硬度）	300mg/L以下
	40	蒸発残留物	500mg/L以下
	41	陰イオン界面活性剤	0.2mg/L以下
	42	ジェオスミン	0.00001mg/L以下
	43	2-メチルイソボルネオール	0.00001mg/L以下
	44	非イオン界面活性剤	0.02mg/L以下
	45	フェノール類	0.005mg/L以下（フェノール量に換算して）
	46	有機物（全有機炭素）	3mg/L以下
	47	pH値	5.8以上8.6以下
	48	味	異常でないこと
	49	臭気	異常でないこと
	50	色度	5度以下
	51	濁度	2度以下

急速ろ過池フローの一例　出典：『水道施設設計指針2000』、日本水道協会、2000（一部改変）

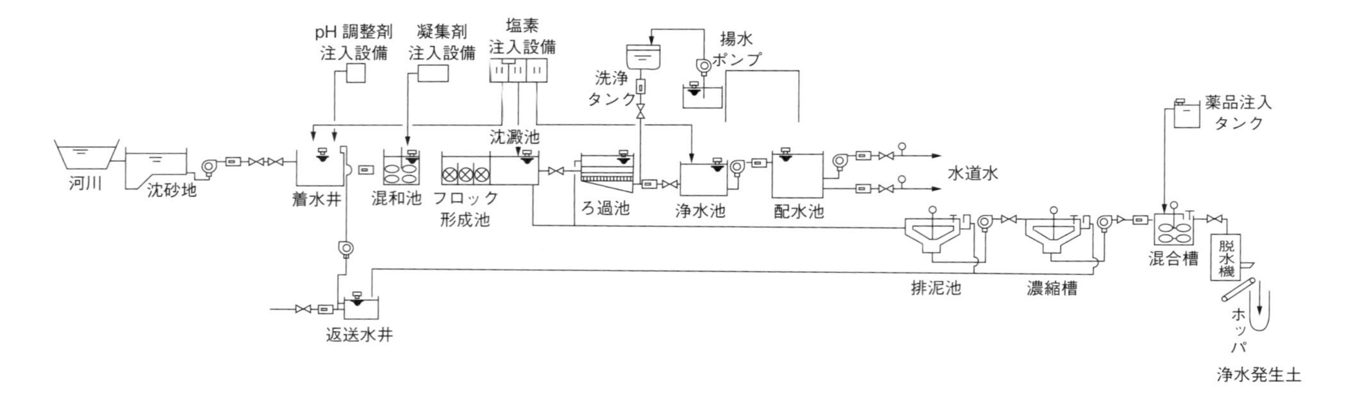

索引

C
CT値 …………………………………89

E
EPA ……………………………… 164

H
HACCP ………………………… 103

I
ICT ……………………………… 120

J
JICA …………………………… 161

M
MCLG…………………………… 165
MCLs …………………………… 165
MDGs…………………………… 156

O
ODA ……………………… 159, 161
O&M ……………………… 171, 172

P
PFI …………………… 32, 33, 34, 36

S
SDGs …………………………… 156

W
WHO飲料水水質ガイドライン …95

う
ウォーターハンマー ……… 122, 131

え
塩素剤……………………………87

お
オゾン処理…………………………91
音聴棒…………………………… 127

か
簡易水道事業……………………4, 44
神田上水………………………… 177
管路更新率…………………………39
管路状態の監視………………… 129

き
技術協力………………………… 160
基準渇水流量………………………59
逆流洗浄……………………………86
給水装置工事主任技術者制度… 151
給水装置工事制度……………… 151
近代上下水道システム ……………56

く
クリプトスポリジウム…… 69, 74, 89,
90, 92, 170

け
傾斜板沈降装置……………………84
懸濁物質……………………………76
憲法第25条…………………………3

こ
鋼管……………………………… 132
硬質ポリ塩化ビニル管 ………… 132
コレラ菌………………………… 162
コンセッション契約 …………… 171

さ
暫定豊水水利権……………………59
サンドブラスト現象 …………… 138
残留塩素濃度……… 89, 111, 119, 136

し

紫外線処理……………………………90
持続可能開発目標……………… 156
指定管理者制度……………… 33, 34
指定給水装置工事事業者制度… 151
自動水質計…………………… 120
シビルミニマム ……………………15
ジャーテスト ………………………81
社会資本…………………… 15, 24
従量料金制………………………… 8
純粋公共財………………………… 8
上水道事業………………………… 4
小水力発電………………… 116, 117
消毒副生成物………………………70
ジョンスノー ……………………… 162
震災対策用貯水施設…………… 118

す

水位等高線図…………………… 130
水系伝染病………………… 164, 180
水源涵養林…………………………68
水頭……………………………………51
水道GLP………………………… 101
水道配水用ポリエチレン管 …… 132
水道法……………………………… 3
水道用仕切弁…………………… 123
水道用水供給事業………………… 4
ステンレス鋼管 ………………… 132
ストークスの式 ……………………82
スマートメーター ……………… 143

せ

石綿セメント管 ………………… 134
専用水道事業……………………… 4

そ

総括原価…………………………… 9
相関式漏水探知機……………… 128

た

ダクタイル鋳鉄管 ……………… 132

ち

地方公営企業法…………………… 8
鋳鉄管………………………… 131

て

データロガ式水圧計…………… 110

と

独立採算制………………………… 8
トリハロメタン ……………………70

な

ナショナルミニマム ………………15

は

配水量分析…………………… 125
バルブ………………………… 123
阪神淡路大震災…………7, 26, 133

ひ

東日本大震災………7, 18, 26, 39, 133
非常用給水設備……………… 119
表面負荷率…………………………83

ふ

プノンペンの奇跡……………… 161
フミン質……………………………85
ふれっしゅ水道計画………… 14, 15
ブロック化…………………… 113

へ

ヘーゼン・ウイリアムス式 ………52
ヘンリー・スペンサー・パーマー …
182

ほ

包括委託制度……………………………18

み

水資源賦存量……………………………57
水循環基本計画…………………………54
水循環基本法……………………………54
水メジャー …………………………… 173
ミレニアム開発目標 …………… 156

む

無機膜……………………………………92

ゆ

有圧………………… 2, 108, 149, 184
有機膜……………………………………92
有償資金協力……………… 159, 160

よ

溶解性物質………………………………76

ら

藍藻類……………………… 168, 169

れ

レイノルズ数……………………………51

ろ

漏水音…………………………………… 127
漏水の復元……………………………… 129
漏水防止計画……………… 126, 127

編者

眞柄　泰基　　全国簡易水道協議会相談役（「水を語る会」会長）

1966年北海道大学大学院修了。同大学助手から1970年に国立公衆衛生院へ。水道工学室長、施設計画室長を経て、衛生工学部長（後に改組に伴い水道工学部長）。1997年から北海道大学大学院教授、北海道大学公共政策大学院特任教授・客員研究員を歴任。2015年から現職。

長岡　裕　　　東京都市大学　都市工学科　教授（「水を語る会」幹事長）

1988年東京大学大学院工学系研究科博士課程修了。同年、同大学工学部助手。1990年武蔵工業大学（現・東京都市大学）工学部講師、1995年同助教授を経て現職。

著者（「水を語る会」幹事有志）

浅岡　祥吾　　横浜市水道局（４章担当）
有吉　寛記　　フジテコム株式会社（５章担当）
板谷　秀史　　横浜市水道局（７章担当）
川久保　知一　株式会社クボタ（５章担当）
坪井　智礼　　管清工業株式会社（７章担当）
富岡　透　　　水ing株式会社（２章担当）
中園　隼人　　JFEエンジニアリング株式会社（３章担当）
馬場　未央　　株式会社 東京設計事務所（２章担当）
左　　卓　　　株式会社クボタ（５章担当）
古川　明彦　　横浜市水道局（４章担当）
山口　岳夫　　水道技術経営パートナーズ株式会社（１、２、６章担当）
吉川　泰代　　パシフィックコンサルタンツ株式会社（６章担当）

（五十音順。所属は2017年３月現在）

よくわかる　水道

2017年３月24日　初版第一刷発行
2017年８月31日　初版第二刷発行
編　者　眞柄　泰基、長岡　裕
著　者「水を語る会」幹事有志
発行者　西原　一裕
発行所　株式会社　水道産業新聞社
〒105-0003　東京都港区西新橋３－５－２
電話（03）6435－7644
印刷・製本所　㈱NPCコーポレーション
定価：2,200円（税別）
ISBN978-4-915276-99-6　C3051¥2200E